水污染控制工程实验指导书

许美兰 曾孟祥 龙绛雪 主编

中国纺织出版社有限公司

内 容 提 要

水污染控制工程实验是环境工程等专业的核心实践教学环节，是"水污染控制工程"课程教学体系的重要组成部分。本书共分为五章并配有附录，根据学生实验及研究能力的养成规律，围绕基础性实验、设计性实验、综合性实验和探索性实验依次展开。通过该书的学习，学生可掌握主要污水处理技术及设备的实验原理及方法；掌握水质指标分析方法，分析仪器的工作原理及操作方法；了解目前产业发展需求，对部分水处理新技术进行初步探索，培养学生的创新意识和综合应用能力。

图书在版编目（CIP）数据

水污染控制工程实验指导书 / 许美兰，曾孟祥，龙绛雪主编 . -- 北京 ： 中国纺织出版社有限公司，2023.1

ISBN 978-7-5180-9218-5

Ⅰ . ①水… Ⅱ . ①许… ②曾… ③龙… Ⅲ . ①水污染 － 污染控制 － 实验 － 高等学校 － 教材 Ⅳ . ① X52-33

中国版本图书馆 CIP 数据核字（2021）第 262798 号

责任编辑：刘桐妍　　责任校对：高　涵　　责任印制：储志伟

中国纺织出版社有限公司出版发行
地址：北京市朝阳区百子湾东里 A407 号楼　邮政编码：100124
销售电话：010—67004422　传真：010—87155801
http://www.c-textilep.com
中国纺织出版社天猫旗舰店
官方微博 http://weibo.com/2119887771
天津千鹤文化传播有限公司印刷　各地新华书店经销
2023 年 1 月第 1 版第 1 次印刷
开本：710×1000　1/16　印张：11
字数：158 千字　定价：68.00 元

编　委　会

主　编　许美兰　曾孟祥　龙绛雪
编　委　徐　苏　叶　茜

前　言

　　水污染控制工程实验是环境工程专业的核心实践教学环节，是"水污染控制工程"课程教学体系的重要组成部分。厦门理工学院的"水污染控制工程实验"课程近年来进行了一系列探索和改革，在基础性实验的基础上，开设了"膜过滤实验""机械反应斜板沉淀池实验""电凝聚气浮实验""A²/O脱氮除磷工艺实验"和"废水综合处理实验"等设计性和综合性实验，并联合本地合作企业融入"氧化还原介体膜强化污水脱色效能实验""磁性活性炭处理染料废水实验""铁碳微电解耦合生物净化治理微污染水体实验"等具有地方产业特色及创新性的实验项目，以培养集知识应用能力、实践动手能力等核心能力为一体的应用型高级专门人才。

　　本书结合厦门理工学院"水污染控制工程实验"课程教学改革的经验，依据学生能力养成规律，以学生综合应用能力培养为目标，形成基础性—设计性—综合性—创新性的递进式实验课程内容，可用于指导环境工程、环境生态工程、给排水科学与工程等相关专业的课堂实验教学。其中的综合性实验和创新性实验适用于上述专业创新综合实验项目的开展。

　　全书共分为五章并配有附录。第一至第四章由许美兰和曾孟祥共同编写，第五章由曾孟祥、龙绛雪、徐苏和叶茜共同编写，附录部分由许美兰和曾孟祥共同编写。第一章介绍实验总体要求。第二至第五章分别围绕基础性实验、设计性实验、综合性实验和创新性实验依次展开。每章包含4～6项实验，涵盖了污水的物理、物理化学、化学、生物和生态处理及污泥处理实验。每项实验介绍了实验目的、实验原理、实验仪器与试剂（材料）、实验步骤、实验数据记录及处理，并设置了思考题引导学生思考和探讨。附录部分主要介绍水污染控制工程实验中常用的指标测定方法、分析仪器以及部分水质标准等内容。通过本书的学习，学生可以掌握主要污水处理技术及设备的实验原理及方法；掌握水质指标分析方法，分析仪器的工作原理及操作方法；了解目前产业发展需求，对部分水处理新技术进行初步探索，培养学生的创新意识和综合应用能力。

　　本书得到了厦门理工学院教材建设基金项目资助，在此表示感谢！在编写过程中参考了许多专家同行的文献书籍资料，在此表示诚挚的敬意和衷心的感谢！由于编者水平有限，难免有不足之处，恳请业界同人和读者批评指正。

编者

2022 年 1 月

目　录

第一章　实验总体要求

　　水污染控制工程实验是环境工程专业重要的实践教学环节。学生在先修分析化学实验、有机化学实验、环境工程微生物学实验、环境监测实验等课程的基础上，结合水污染控制工程理论知识，进行水污染控制工程实验的学习，为今后工程设计、工艺运行管理以及科学研究等奠定基础。

一、实验教学目的

　　通过水污染控制工程实验教学，达到以下教学目的：

　　（1）加深学生对水体中污染物的物理、化学、物理化学、生物处理技术的原理、方法和工艺流程等方面的理解。

　　（2）使学生能够了解污水处理实验装置的结构性能和原理；掌握污水处理实验装置的操作方法，各技术指标的分析测定程序及方法；掌握各种分析仪器的工作原理及使用方法。

　　（3）锻炼学生实验方案设计能力，培养科学严谨的研究态度。学生能够在实验过程中认真观察实验现象并进行实验结果的严谨记录、整理与分析，形成合理结论，撰写完整规范的实验报告。

　　（4）增强学生实验安全意识，培养安全实验习惯。

二、实验教学要求

1. 实验前准备

　　（1）实验前完成预习任务，仔细阅读实验教材并参考相关的专业书籍，理解实验原理、目的等基本内容，做好预习笔记。

　　（2）通过指导教师对实验内容的课堂讲授和现场演示，进一步加深对实验原理和目的的理解，熟悉仪器设备结构和操作流程、整体实验步骤以及注意事项等。

　　（3）认真做好实验方案设计，尤其是设计性、综合性和创新性实验。实验方案应经过指导教师审核后方可进行实验。

　　（4）准备并确认实验中所需仪器、设备和药剂等是否到位，并认真检查仪器设备是否完好。

　　（5）对于小组合作的实验，应合理地安排小组分工。

2. 实验操作过程

（1）实验时应严格按照使用及操作规程，操作规范，遵守实验室安全守则，保证实验安全。

（2）实验过程中，认真观察实验现象，准确详细地将实验数据填写于实验记录本上，并主动思考，积极与指导教师沟通交流。

（3）实验结束后，关闭设备仪器并恢复原状，按照实验室规则做好玻璃仪器、药品和实验台面的整理等工作，并将实验记录交予指导教师审核。

3. 实验报告撰写

准确地处理分析实验数据，展开合理的讨论，形成可靠的结论，并撰写完整规范的实验报告。实验报告内容应涵盖实验目的、原理、仪器与试剂、方案与步骤、数据处理、结果讨论和思考题，并附实验原始数据。

三、实验室规则

（1）实验前应认真学习实验室的各项规章制度。

（2）实验开始前需清点仪器，若仪器缺少或破损应立即报告指导教师，按规定程序补领。在实验过程中若损坏仪器，应及时报告，填写报损单，由教师签写意见后去实验准备室换取仪器。

（3）实验过程中应保持安静，听从教师指导，操作规范，严格遵守实验室安全守则，认真观察实验现象，如实记录数据。

（4）爱护仪器设备，使用仪器设备时应谨慎细致，严格遵守操作规程。药品应按需取用。注意节约水电。公用仪器和试剂瓶等用完后应立即放回原处。发现仪器出现故障时，应立即停止使用，并及时报告指导教师；试剂瓶中试剂不足时，应报告指导教师，及时补充。

（5）实验过程中要保持台面和实验室的整洁卫生。废液、废纸、火柴梗等应放入废物缸或其他规定的回收容器内，严禁投入水槽、扔至地面或实验台面上。

（6）实验结束后，洗净玻璃仪器并放回原处。整理好药品和实验台面，并清洁水槽和地面，关好门窗、水电。实验室内一切物品包括仪器、药品和实验产物等不得带离实验室，得到指导教师允许后方能离开。

四、实验室安全守则

进行化学实验时，必须先熟悉实验室及周围环境，如电闸、安全门的位置，灭火器及室外水源的位置。在实验过程中应严格遵守实验室安全守则。

（1）使用易燃、易爆物质时要严格遵守操作规程。取用时必须远离火源，用后及时把瓶塞塞严，于阴凉处保存。

（2）涉及产生有毒、刺激性气体的实验，应在通风橱内进行。

（3）进行可能发生危险的实验时，要根据实验情况采取必要的安全措施，如戴防护眼镜、面罩或橡胶手套等。

（4）使用电器时，谨防触电。不要在通电时随意移动设备，实验完毕，一定要将电源切断。

（5）实验用化学试剂不得入口，严禁在实验室内吸烟或饮食，实验结束后要仔细洗手。

（6）使用药品和仪器时，严格按操作规程进行实验，严格控制药品用量；实验进行时不得随意离开岗位，要密切注意实验的进展情况。

（7）进入实验室的人员需穿安全工作服，不得穿凉鞋、高跟鞋或拖鞋；留长发需束发，离开实验室时须换掉工作服。

（8）使用的玻璃管切断后，应将断口熔烧圆滑，玻璃碎片要放入利器桶，不能丢在地面或实验台上。

（9）值日生或最后离开实验室的工作人员必须检查水、电、气等，关闭门、窗、水、电、气后方能离开实验室。

第二章　基础性实验

实验一　化学混凝实验

一、实验目的

（1）观察混凝现象，理解化学混凝基本理论。

（2）优化混凝剂投加方案。

二、实验原理

水中胶体微粒由于受到静电斥力和水化作用的影响，能够保持稳定性而不互相聚集。因此，水中微小悬浮物和胶体杂质难以通过重力沉降等方式来去除。化学混凝的目的就是通过混凝剂的投加使胶体脱稳，使之相互凝聚形成较大的絮凝体即矾花，以便在后续沉淀工艺中得以去除。化学混凝受多方面因素影响，如水质成分、pH、混凝剂种类及其投加量、水力条件等，其机理主要归结于以下三个方面：

1. 压缩双电层

混凝剂提供大量正离子会涌入胶体扩散层甚至吸附层，使扩散层减薄，降低 ξ 电位，减小静电斥力，使胶体脱稳而易于相互接触聚集。

2. 吸附架桥作用

部分混凝剂溶于水后形成的高分子聚合物具有线性结构，其线性长度较大，在胶粒之间起吸附架桥作用而使胶粒相互粘结，形成较大的絮凝体。

3. 沉析物网捕作用

当铁盐或铝盐等作混凝剂时，经水解后形成大量的氢氧化物固体从水中析出、下沉。这些沉淀物在自身沉降过程中，能集卷、网捕水中的胶体等微粒，使胶体粘结。

三、实验仪器与试剂

（1）六联搅拌器。

（2）浊度仪。

（3）烧杯。

（4）移液管。

（5）硫酸铝（10 g/L）。

（6）三氯化铁（10 g/L）。

（7）聚丙烯酰胺 PAM（1 g/L）。

四、实验方法及步骤

1. 确定最佳混凝剂

（1）取 3 个 500 mL 的烧杯，分别加入 300 mL 原水，并置于搅拌器上。

（2）开启搅拌器（转速 150 r/min），分别向 3 个烧杯中投加硫酸铝、三氯化铁和聚丙烯酰胺溶液。在此期间，仔细观察矾花是否形成，同时每次增加 1 mL 混凝剂投加量，直至出现矾花为止。此时，停止搅拌，静置沉淀 10 min。记录下混凝剂用量作为该混凝剂形成矾花的最小投药量。

（3）静置沉淀结束后，取上层清液，采用浊度仪测得浊度并记录数据（测三次求平均值）。

（4）根据测得的上清液浊度确定最佳混凝剂。

2. 确定混凝剂最佳用量

（1）取 6 个 500 mL 烧杯，分别加入 300 mL 原水，并置于搅拌器上。

（2）开启搅拌器（快速搅拌 300 r/min），将确定的最佳混凝剂按照最小投药量的 1/4、1/2、3/4、1、3/2 和 2 倍用量投加于 6 个装有原水的烧杯中并开始计时。待快速搅拌 0.5 min 结束后，依次进行中速搅拌 5 min（150 r/min）及慢速搅拌 10 min（50 r/min）。

（3）停止搅拌后，静置沉淀 10 min。取上层清液，测得浊度并记录数据。

五、实验数据记录及处理

将实验数据分别记录于表 2-1-1 和表 2-1-2。绘制上清液浊度与最佳混凝剂投加量之间的关系曲线，获得最佳投加量。

表2-1-1 三种混凝剂实验数据记录表

项 目	混凝剂		
	硫酸铝	三氯化铁	PAM
矾花形成时混凝剂用量（mL）			
上清液浊度	1	1	1
	2	2	2
	3	3	3
	平均	平均	平均

表2-1-2 最佳混凝剂不同投加量条件下的测定数据记录表

项 目	投加量（mL）					
上清液浊度	1	1	1	1	1	1
	2	2	2	2	2	2
	3	3	3	3	3	3
	平均	平均	平均	平均	平均	平均

六、思考题

（1）影响混凝效果的主要因素有哪些？

（2）列举 1-2 种水处理中的混凝新技术，简要说明其原理及优点。

实验二　活性污泥评价指标测定实验

一、实验目的

在活性污泥法工艺中，活性污泥性质对其处理效果起着至关重要的作用。因此，评价活性污泥性能是活性污泥法工艺日常运行的一项重要工作。评价结果可有效指导工艺的运行。本实验的主要目的如下：

（1）理解不同污泥性能指标的内涵及作用。

（2）掌握不同污泥性能指标的检测方法。

（3）对比不同来源污泥的性能。

二、实验原理

活性污泥量是影响活性污泥法工艺的关键因素。衡量污泥量的指标主要包括混合液悬浮固体浓度（mixed liquor suspended solids，MLSS）和混合液挥发性悬浮固体浓度（mixed liquor volatile suspended solids，MLVSS）。MLSS包括具有活性的微生物、微生物自身氧化的残留物质、原污水挟入的不能被微生物降解或暂时没有降解的有机物质、原污水挟入的无机物质在内的四类物质。MLVSS则仅包括前三类物质，表示污泥中有机物含量。MLVSS包含了微生物量，但不仅是微生物量。由于测定方便，MLVSS可近似用于表示微生物量。

除了活性污泥量之外，污泥沉降性能关系到后续二沉池的泥水分离效果，直接影响活性污泥法工艺的正常运行。为了评价活性污泥的沉降性能，通常可采用污泥沉降比（settled volume，SV）和污泥体积指数（sludge volume index，SVI）两个指标。其中，SV是指取活性污泥混合液至1000 mL或100 mL量筒，静止沉淀30 min后沉淀污泥的体积比例。由于正常的活性污泥在静置沉淀30 min后可接近它的最大密度，因此，SV可在一定程度反映污泥的沉降性能。但是，相同沉降性能的污泥，由于污泥浓度不同，SV会有所不同。污泥体积指数SVI则是在SV的基础上考虑了污泥浓度的影响。SVI 表示污泥混合液沉淀 30 min 后单位质量干泥形成湿泥时的体积，相较 SV 能够更加准确地反映污泥沉降性能，是评价污泥沉降性能的一个重要参数。一般认为，当 SVI 为 100 ～ 150 时，污泥沉降性能良好；SVI>200 时，污泥较为松散，沉降性能差，污泥易膨胀；SVI<50 时，污泥絮体细小紧密，无机物含量较高，活性较差。

三、实验仪器与试剂

1. 实验仪器

（1）循环水真空泵。

（2）布氏漏斗。

（3）抽滤瓶。

（4）烘箱。

（5）马弗炉。

（6）干燥器。

（7）电子分析天平。

（8）量筒。

（9）滤纸。

2. 污泥

实验用污泥取自污水处理厂曝气池活性污泥和实验室反应器内活性污泥。

四、实验步骤

1. 污泥 MLSS 和 MLVSS 测定

（1）将定量中速滤纸叠好放入称量瓶中，在 105 ℃下烘干至恒重。用电子分析天平称重并记录质量 w_1（g）。

（2）连接布氏漏斗、抽滤瓶和循环水真空泵，构成抽滤装置。将烘干好的滤纸从称量瓶取出，平铺放置于布氏漏斗中。将污泥混合液（V=100 mL）倒入漏斗中，启动循环水真空泵开始过滤。用蒸馏水冲净量筒，倒入漏斗中。将带有滤渣的滤纸移入称量瓶，在 105 ℃下烘干至恒重，称重并记录质量 w_2（g）。MLSS（g/L）计算如下：

$$MLSS = \frac{(w_2 - w_1) \times 1000}{V} \qquad (2\text{-}2\text{-}1)$$

（3）将坩埚放入马弗炉中，在 600 ℃下灼烧 30 min。取出坩埚，放入干燥器中冷却，称重并记录质量 w_3（g）。

（4）将步骤（2）中已烘干的滤纸和滤渣从称量瓶中取出，放入已烘干的坩埚中，在 600 ℃下灼烧 30 min。取出坩埚，放入干燥器中冷却，称重并记录质量 w_4（g）。污泥 MLVSS（g/L）计算如下。

$$MLVSS = \frac{(w_4 - w_3) \times 1000}{V} \qquad (2\text{-}2\text{-}2)$$

2.污泥 SV 和 SVI 测定

（1）从曝气池中取 100 mL 混合均匀的污泥混合液至 100 mL 量筒，静置沉淀 30min 后，测量并记录沉淀活性污泥的体积，以占混合液体积（100 mL）的比例（%）表示 SV。

（2）计算污泥体积指数 SVI（mL/g）：

$$SVI = \frac{沉淀污泥的体积(mL/L)}{MLSS(g/L)} \qquad (2\text{-}2\text{-}3)$$

五、实验记录及处理

将实验数据记录于表 2-2-1。根据获得的活性污泥性能数据，评价不同来源的活性污泥性质。

表2-2-1　曝气池活性污泥性能数据记录表

污泥来源	指标							
	原始数据				MLSS（g/L）	MLVSS（g/L）	SV（%）	SVI（mL/g）
	w_1	w_2	w_3	w_4				
污水处理厂								

续表

污泥来源	指标							
	原始数据				MLSS（g/L）	MLVSS（g/L）	SV（%）	SVI（mL/g）
	w_1	w_2	w_3	w_4				
实验室好氧反应器								

六、思考题

（1）讨论 MLSS 与 MLVSS、SV 与 SVI 之间的联系和区别。

（2）当污水处理厂曝气池活性污泥 SVI 过高或过低时，可采取什么解决措施？

实验三　曝气充氧实验

一、实验目的

（1）掌握曝气设备充氧性能测定方法。

（2）学会采用图解法求解氧转移系数。

二、实验原理

污水处理工艺常用的曝气设备为机械曝气与鼓风曝气两大类。在曝气过程中，氧要从气相转移到液相中才能被微生物所利用。因此，充氧过程属于传质过程。氧传递机理一般可用双膜理论来解释。双膜理论认为，在气液界面存在着作层流流动的气膜和液膜。这两层薄膜使气体分子从一相进入另一相时受到了阻力。氧转移过程可简化为氧通过气、液膜的分子扩散过程。氧转移的推动力为气膜中的氧分压梯度和液膜中的氧浓度梯度。由于氧在水中的溶解度低，则阻力主要来自液膜。通过液膜的氧转移速率是氧传质过程的控制速率。氧转移速率可由式（2-3-1）表示：

$$\frac{dC}{dt} = K_{La}(C_S - C) \qquad (2-3-1)$$

式中：C_S——与界面氧分压所对应的溶液饱和溶解氧浓度（mg/L）；

C——溶液中氧实际浓度（mg/L）；

K_{La}——氧总转移系数（h^{-1}）。

由式（2-3-1）积分得：

$$\lg \frac{C_S - C_0}{C_S - C_t} = \frac{K_{La}}{2.3} t \qquad (2-3-2)$$

式中：C_0——曝气初始时溶液的氧饱和浓度（mg/L）；

C_t——曝气 t 时刻溶解氧浓度（mg/L）；

t——曝气时间（h）。

目前，国内外多用间歇非稳态法测定曝气充氧性能。该方法在实验过程中不进出水。具体操作如下：向池内注满清水后，以无水亚硫酸钠为脱氧剂，氯化钴为催化剂，将水脱氧至零后开始曝气。在这一过程中，液体中溶解氧浓度将逐步升高。每隔一定时间测定水中溶解氧浓度，进而利用式（2-3-2）计算 K_{La} 值。

三、实验仪器及试剂

（1）清水池（设有曝气管路和曝气盘）。

（2）空气泵 1 台。

（3）溶解氧测定仪。

（4）无水亚硫酸钠。

（5）氯化钴（$CoCl_2 \cdot 6H_2O$）。

四、实验步骤

（1）清水池内加入适量的水，测定加入清水的体积 V（L）和水中溶解氧值 C（mg/L）。

（2）计算脱氧剂投加量。脱氧剂亚硫酸钠与氧的反应式如下：

$$2Na_2SO_3 + O_2 \xrightarrow{\ CoCl_2\ } 2Na_2SO_4$$

由此反应可知，理论上每去除 1 mg 溶解氧需要投加 8 mg Na₂SO₃。通常采用的实际用量为理论用量的 1.1 ～ 1.5 倍，则 Na_2SO_3 投加量 G（mg）为：

$$G=(1.1 \sim 1.5) \times 8 \times C \times V \tag{2-3-3}$$

（3）计算催化剂投加量。经验认为，清水中钴离子浓度约 0.4 mg/L 为宜，则氯化钴（$CoCl_2 \cdot 6H_2O$）投加量为 $1.6 \times V$（mg）。

（4）将称得的药剂用温水化开，倒入池中充分混合。采用溶解氧测定仪监测水中溶解氧值。

（5）当水中溶解氧为零或接近零后（记录初始溶解氧值 C_0），打开空气泵，开始曝气并计时。每隔 0.5 min 测一次溶解氧值（C_t），后续可以适当延长时间间隔。当水中溶解氧不再增长，表明溶解氧已达到饱和（此时溶解氧值为 C_s），关闭空气泵。

（6）测量并记录水温、气温。

五、数据记录及处理

将数据记录于表 2-3-1。

表2-3-1　曝气充氧数据记录表

水温：　　　　气温：

t （min）	C_t （mg/L）	$\lg \dfrac{C_s - C_0}{C_s - C_t}$	$\dfrac{t}{2.3}$

根据式（2-3-2），以 $\dfrac{t}{2.3}$ 为横坐标，$\lg \dfrac{C_s - C_0}{C_s - C_t}$ 为纵坐标，采用图解法求得斜率 K_{La}。将 K_{La} 换算成标准状态下（20 ℃）氧总转移系数 K_{Las}（h^{-1}），具体计算如下：

$$K_{Las} = \frac{K_{La}}{1.024^{T-20}}$$

（2-3-4）

式中：T——实际水温（℃）。

六、思考题

（1）讨论在实际废水处理过程中，影响曝气设备充氧的主要因素有哪些？

（2）测定氧总传质系数 K_{La} 有何意义？

实验四　厌氧污泥产甲烷活性测定实验

一、实验目的

在污水处理技术中，污水厌氧生物处理技术以其能耗低、剩余污泥产量少、可回收 CH_4 等优点，已广泛应用于各种中高浓度有机废水、特种废水处理，并拓展至城镇污水和生活污水等低浓度废水处理领域，是污水无害化及资源化处理中不可或缺的关键一环。在污水厌氧处理工艺的实验研究中，厌氧污泥产甲烷活性常用于评价污泥及工艺运行状态，不同基质的厌氧可生化性，并可指导厌氧处理工艺运行负荷等。本实验将围绕厌氧污泥产甲烷活性的测定展开，主要目的如下：

（1）理解厌氧污泥产甲烷活性测定原理。

（2）掌握厌氧污泥产甲烷活性指标测定方法及其数据处理方法。

二、实验原理

本实验采用最大比产甲烷速率来评价该厌氧污泥的产甲烷活性。最大比产甲烷速率是指单位质量污泥（VSS）每日的最大产甲烷量。最大比产甲烷速率 $U_{max.CH_4}$ 可通过一定营养液条件下对厌氧污泥的密闭间歇培养实验来测定。基于 Monod 方程进行推导可得，在间歇反应初期的一段时间内，营养基质浓度较高，反应呈零级反应，污泥比产甲烷速率为常数，其数值大小等于最大比产甲烷速率。因此，可通过产气实验测得此时段的比产甲烷速率，以求得最大比产甲烷速率。

三、实验仪器与试剂

1. 实验仪器

（1）恒温振荡器。

（2）史氏发酵管。

（3）烘箱。

（4）马弗炉。

（5）血清瓶。

（6）输液管。

2. 营养液和污泥

按照表 2-4-1 配制 COD 约为 10 000 mg/L 的葡萄糖营养液。其中，葡萄糖、尿素分别作为碳源、氮源，KH_2PO_4 则为微生物提供所需的磷，并添加了部分微量元素。污泥取自污水处理厂厌氧处理工艺（约 10gVSS/L）。

表2-4-1　营养液成分组成

成分	浓度（g/L）
葡萄糖	9.38
尿素	0.54
KH_2PO_4	0.22
NaCl	0.005
$Na_2MoO_4 \cdot 2H_2O$	0.005
$FeCl_2$	0.001 5
$MnSO_4 \cdot 2H_2O$	0.005
$MgSO_4 \cdot 7H_2O$	0.05
$CaCl_2 \cdot 2H_2O$	0.005

四、实验步骤

（1）取污泥样品，测定其 MLVSS 浓度，方法见第一章实验二。

（2）往 250 mL 血清瓶中注入 100 mL 待测污泥和 100 mL 营养液。由于产甲烷菌最佳pH范围为6.8～7.2，用NaHCO₃调节混合液的pH值为7.0左右。

（3）如图 2-4-1 所示，将血清瓶塞上橡皮塞，并在橡皮塞中心处插上输液管作为通气管。输液管末端插入史氏发酵管（装有 2 mol/L NaOH 的 NaCl 饱和溶液），以排水法收集甲烷气体。由于产生气体中含有的 CO_2、H_2S 以及挥发性脂肪酸等都能被碱液吸收，认为此时收集到的气体为甲烷。为保证装置的气密性，用胶密封血清瓶橡皮塞边缘处及针管与橡皮塞之间的缝隙。

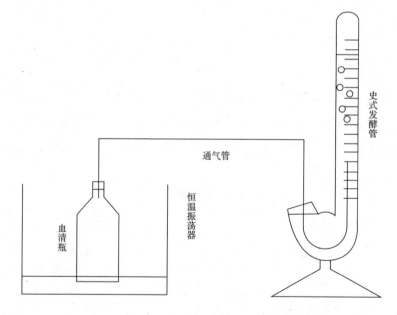

图 2-4-1　最大比产甲烷速率测定装置

（4）将血清瓶放入恒温振荡器进行培养。温度设置为 35 ℃，转速为 100 r/min。

（5）观察史氏发酵管内液面刻度变化。当开始产气时，每隔 1 h 读一次数。

（6）当不再大量产气后，可结束产气试验。

五、实验数据记录及处理

1.实验记录

将产气实验数据记录于表 2-4-2。

表2-4-2 产气实验记录表

污泥 MLVSS：

时间 （h）	史氏发酵管刻度线 （mL）	产气量 （mL）

2.数据处理

由于血清瓶上部气室的残留空气会对反应初期通过碱液吸收测定的甲烷产量读数产生影响，导致产甲烷读数偏高。在实验中，通常取史氏发酵管中产气量达气室体积（V_0）3.5 倍以后的数据作为求最大比产甲烷速率 $U_{max.CH_4}$ 的计算数值，以消除空气的影响。

反应初期，产甲烷过程呈现零级反应，累积甲烷产量 V_{CH_4} 会随时间呈线性增加；营养基质经过一段时间降解后，浓度降低，此时产甲烷过程不再遵循零级反应，V_{CH_4} 随时间呈非线性变化。在进行数据处理时，可分别以产气时间 t 和 V_{CH_4} 为横纵坐标作曲线。通过线性拟合曲线上直线段（取 V_{CH_4} 为 $3.5V_0$ 以后的数据），求得斜率 K，通过式（2-4-1）求得最大比产甲烷速率 $U_{max.CH_4}$。如式（2-4-1）所示，一般在计算中考虑温度的影响，忽略气压的偏差。

$$U_{max.CH_4} = \frac{24KT_0}{XVT_1} \qquad (2-4-1)$$

式中：$U_{max.CH_4}$——最大比产甲烷速率（mLCH$_4$/gVSS·d）;

$\quad\quad K$——$V_{CH_4} \sim t$ 曲线上直线段的斜率（mLCH$_4$/h）;

$\quad\quad V$——实验时所取污泥的体积（L）;

$\quad\quad X$——污泥 MLVSS 浓度（g/L）;

$\quad\quad T_0$——标准状态下的绝对温度，即为 273K;

$\quad\quad T_1$——实验条件下的绝对温度（K）。

六、思考题

（1）讨论影响污水厌氧生物处理体系中产甲烷活性的因素主要有哪些?

（2）厌氧污泥最大比产甲烷速率在实际工程应用及实验研究中有何作用?

实验五　污泥过滤比阻测定实验

一、实验目的

污水处理将产生大量污泥，如不加以处理处置，将对环境造成二次污染。污泥脱水是污泥减量的主要手段，直接影响到后续污泥的处理处置。污泥过滤比阻是衡量污泥脱水性能的一个重要指标，对污泥脱水工艺具有重要的指导意义。通过本实验的学习，主要达到以下目的：

（1）理解污泥过滤比阻的测定原理。

（2）掌握污泥过滤比阻的测定方法。

二、实验原理

污泥脱水是将污泥中的含水率降低至 80% 以下的操作，包括自然脱水和机械脱水两类方法。自然脱水即采用蒸发等自然力对污泥脱水；机械脱水则是采用机械力对污泥进行脱水，主要有过滤脱水和离心脱水两种方式。其中，过滤脱水是以过滤介质两端的压力差作为推动力，使水分通过过滤介质，而固体颗粒则被截留在过滤介质上，从而达到脱水目的。污泥过滤比阻可在一定程度上反映污泥过滤脱水的难易程度。过滤比阻（r）是指在一定压力下，单位过滤面积截留单位质量干污泥时的阻力。过滤比阻越大，污泥越难以过滤，脱水性能越差。污泥过滤比阻 r（m/kg）可通过污泥的滤纸过滤实验来测定，并采用式（2-5-1）求得。

$$r = \frac{2PA^2b}{\mu\omega} \qquad (2-5-1)$$

式中：P——施加的压力（Pa）；

    A——过滤面积（m²）；

    μ——滤出液动力黏度（N·s/m²）；

    b——$t/V \sim V$ 直线斜率（s/m⁶）。其中，t、V 分别为过滤时间（s）和滤出液体积（m³）；

    ω——单位体积滤出液所截得滤饼干重（kg/m³）。

三、实验仪器及试剂

1. 过滤装置

如图 2-5-1 所示，污泥过滤装置由定制的量筒（可塞橡胶塞），布氏漏斗、循环水真空泵、吸滤瓶及连接软管构成。

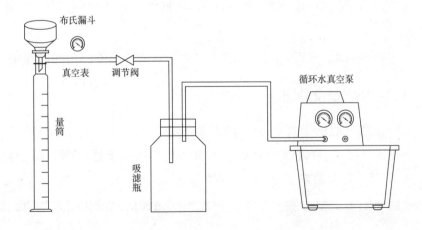

图 2-5-1　污泥过滤装置

2.实验仪器及耗材

（1）烘箱。

（2）电子分析天平。

（3）滤纸。

（4）称量瓶。

（5）污泥：取自污水处理厂初沉污泥、曝气池污泥和消化污泥。

四、实验步骤

（1）按照图 2-5-1 连接装置，检查气密性。

（2）将滤纸置于称量瓶内，在 105℃下烘干并称重（w_1）。将滤纸放置于布氏漏斗上，用蒸馏水润湿贴紧。

（3）开启真空泵，调节真空压力，大约为实验压力的 2/3，关掉真空泵。

（4）将 100 mL 待测污泥倒入布氏漏斗中，静置至无滤液流出（约 1～2 min）。开启循环水真空泵，快速调节压力至实验压力 0.07 MPa 压力。此时，计时并记录初始量筒内滤液 V_0。

（5）每隔 15 s 记录量筒的滤液量 V_1。待过滤至滤饼层出现破裂，真空被破坏后或无滤液滤出后停止。

（6）关闭阀门，取下泥饼置于称量瓶内，在 105 ℃下烘干并称重（w_2）。

（7）取新滤纸，按照步骤（2）～（6）测量其他待测污泥的过滤比阻。

五、数据记录及处理

将实验数据记录于表 2-5-1 和表 2-5-2。

根据表 2-5-1 中数据，分别以 V 和 t/V 为横纵坐标绘图，拟合直线的斜率为 b 值。将 b 值和表 2-5-2 中的参数 ω 值代入公式（2-5-1），求得污泥过滤比阻值。根据实验结果，对比不同污泥的过滤比阻并加以讨论。

表2-5-1 污泥过滤实验记录表

温度： 污泥种类： 过滤面积： 滤液动力粘度： 过滤压力：

过滤时间 t （s）	量筒内滤液体积 V_1（mL）	污泥过滤滤液体积 $V=V_1-V_0$ （mL）	t/V （s/mL）

表2-5-2 参数ω测定原始数据记录表

待测污泥	滤纸＋称量瓶质量 w_1（g）	滤纸＋称量瓶＋泥饼质量 w_2（g）	泥饼干重 $w=w_2-w_1$ （g）	滤液总体积 V_t（mL）	参数 $\omega=w/V_t$ （kg/m³）
初沉污泥					
曝气池污泥					
消化污泥					

六、思考题

（1）污泥过滤比阻的测定对于污泥脱水实际工程应用有何意义？

（2）提高污泥脱水效能的措施有哪些？

第三章　设计性实验

实验一　电凝聚气浮水处理实验

一、实验目的

（1）加深对电凝聚气浮法基本原理的理解。

（2）了解电凝聚气浮实验装置的组成及工作过程。

（3）掌握电凝聚气浮的运行操作方法。

（4）探讨电解时间和电解电压对处理效果的影响。

二、实验原理

电凝聚气浮通常采用铁或铝等材料作为阳极。在外加电压条件下，放置于废水中的阳极和阴极分别发生氧化反应和还原反应。阳极可生成铁或铝等金属阳离子，经水解、聚合等反应形成多核羟基络合物等物质，通过吸附架桥、网捕等作用将水中胶体和微小悬浮物凝聚成较大的絮体沉降去除，或被水电解产生的氢气和氧气微细气泡粘附并带至水面而分离去除。

三、实验仪器与试剂

1. 实验装置

电凝聚气浮装置一套。装置具体配置如下：

（1）配水箱（1个）。

（2）小型气浮池（1个）。

（3）阴阳极板 1 套。

（4）电压可调的直流控制电源（1个）。

（5）进水泵（1台）。

（6）流量计（1个）。

（7）电控箱（1个）。

（8）连接管路、阀门等。

2.指标检测仪器及药剂

（1）浊度仪。

（2）COD 测定相关仪器和药剂（详见附录 2）。

四、实验步骤

1.实验准备

（1）理解装置工作原理和流程。

（2）检查电凝聚气浮装置。采用清水对装置进行试运行，重点检查电解、泵、电动刮渣板等设备是否运行正常，池体、管道和流量计进出水口有无漏水，以便后续装置的正常启动运行。

（3）设计装置实验方案，包括间歇及连续运行实验中各个运行参数的设定。

2.装置运行实验

（1）取原水水样，测定其浊度和 COD_{Cr}。

（2）打开电源，启动进水泵，将进水注入装置中。

（3）按照设计的实验方案进行间歇运行实验。调节电解电压至初始设定值。待电解 1 h 后取处理后的水样，测定其浊度和 COD_{Cr}。改变电解电压，重复上述实验。根据本实验结果，获得最佳电解电压用于步骤（4）。

（4）按照设计的实验方案进行连续运行实验。调节进水流量，将水力停留时间调至初始设定值。在步骤（3）得出的最佳电解电压条件下进行连续运行实验。待 1 个水力停留时间后取出水样，测定其浊度和 COD_{Cr}。改变水力停留时间，重复上述实验。

五、实验数据记录及处理

将实验记录于表 3-1-1 和表 3-1-2。

根据表 3-1-1 的数据，讨论电解电压对污水处理效果的影响。

根据表 3-1-2 数据，讨论水力停留时间对污水处理效果的影响。

表3-1-1　电解电压的影响实验记录表

电解电压：1 h

工况	电解电压（V）	浊度		浊度去除率（%）	出水 COD$_{Cr}$（mg/L）		COD$_{Cr}$ 去除率（%）
		原水	出水		原水	出水	
1							
2							
3							
4							

表3-1-2　水力停留时间的影响实验记录表

电解电压：2 h

工况	水力停留时间（min）	浊度		浊度去除率（%）	出水 COD$_{Cr}$（mg/L）		COD$_{Cr}$ 去除率（%）
		原水	出水		原水	出水	
1							
2							
3							
4							

六、思考题

（1）影响电凝聚气浮效果的主要因素有哪些？

（2）探讨电凝聚气浮法在实际工程应用中的优缺点。

实验二　污泥化学调理优化实验

一、实验目的

污泥脱水是污泥减量化的有效手段，是污泥处理工艺中的一个重要环节。为了改善污泥的脱水性能，往往需要在污泥脱水前通过物理、化学或物理化学方法进行污泥调理。本实验重点关注污泥的化学调理。通过本实验的学习，希望达到以下目的：

（1）学会采用污泥过率比阻来评价污泥的脱水性能。

（2）学会筛选适宜的化学调理剂并优化其投加量。

二、实验原理

污泥的化学调理通常是投加化学药剂如混凝剂等来破坏污泥的胶态结构，减小泥水间的亲和力，使污泥中细小颗粒形成大的絮体，改善污泥的脱水性能。污泥化学调理效果受诸多因素的影响，包括污泥性质、调理剂种类、浓度及投加量、反应时间等。其中，用于污泥调理的混凝剂主要包括铁盐、铝盐等无机混凝剂，以及聚丙烯酰胺等有机混凝剂。本实验将重点考察几种典型混凝剂及其投加量对污泥调理效果的影响。为了评价污泥调理效果以优化调理方案，通常可采用污泥过滤比阻和毛细吸水时间这两项衡量污泥脱水性能的指标。本实验主要采用污泥过滤比阻，通过调理前后污泥过滤比阻的降低程度来表征污泥脱水性能的改善效果。

三、实验仪器与试剂

（1）污泥过滤比阻测定装置（图 2-5-1）。

（2）烘箱。

（3）电子分析天平。

（4）污泥：取自污水处理厂的浓缩污泥。

（5）$Al_2(SO_4)_3$。

（6）$FeCl_3$。

（7）阳离子聚丙烯酰胺 PAM。

（8）滤纸。

（9）称量瓶。

四、实验步骤

1. 设计污泥化学调理优化实验方案

（1）测定原污泥的固体含量，计算 100 mL 污泥干重。

（2）在确定 100 mL 污泥干重基础上，分别设置优化实验中 $Al_2(SO_4)_3$（10 wt%）、$FeCl_3$（10 wt%）和 PAM（1 wt%）溶液不同的投加量（mL）。其中，根据经验，$Al_2(SO_4)_3$ 和 $FeCl_3$ 溶液投加量范围可为污泥干重的 5% ～ 10%；PAM 溶液投加量范围可为污泥干重的 0.1% ～ 0.5%。每种混凝剂实验中应有空白对照（即混凝剂投加量为零）。

2. 污泥化学调理优化实验

（1）分别配制质量分数为 10% 的 $Al_2(SO_4)_3$ 和 $FeCl_3$ 混凝剂溶液，以及质量分数为 1% 的 PAM 溶液待用。

（2）将 $Al_2(SO_4)_3$ 混凝剂分别按照设计方案中的不同投加量加入 100 mL 污泥加入并充分搅拌均匀；测定调理后污泥过滤比阻，方法见第二章实验五。

（3）改变混凝剂种类，按照步骤（2）进行投加量优化实验。

五、实验数据记录与处理

参考表 2–5–1 和表 2–5–2，记录污泥过滤比阻测定的实验数据。经计算求得各投加条件下的污泥过滤比阻并记录于表 3–2–1。

表3-2-1　不同投加方案下的污泥脱水性能

混凝剂种类：

实验编号	投加量（mL）	污泥过滤比阻（m/kg）
1	0	
2		
3		
4		
5		

绘制各混凝剂不同投加量下的污泥过滤比阻变化曲线，并对比分析，筛选出本实验范围内的最佳混凝剂及投加量。

六、思考题

探讨用于改善污泥脱水性能的污泥化学调理对后续污泥处理处置可能造成的其他影响。

实验三　超滤膜过滤实验

一、实验目的

（1）熟悉超滤膜过滤装置的构造及工作原理。

（2）掌握超滤膜过滤装置的运行操作方法。

（3）了解影响超滤膜过滤的因素。

二、实验原理

超滤（ultrafiltration，UF）主要通过膜表面的微孔结构对物质进行选择性分离，其驱动力为膜两侧的压力差。超滤的截留分子量范围一般在

1～500kD。当溶液在一定压力下流经膜表面时，水、溶解性盐类及小分子有机物可通过，而悬浮物、胶体、大分子有机物（如蛋白质）、细菌等被截留，从而实现物质分离、浓缩和污水净化的目的。影响超滤膜运行性能的主要因素包括膜材质、膜组件结构、料液性质以及操作压力和膜通量等运行参数。

三、实验仪器与试剂

1.实验装置

如图3-3-1所示，本实验超滤膜过滤装置主要由超滤杯、磁力搅拌器、抽吸泵（蠕动泵）、压力传感器和量筒构成。

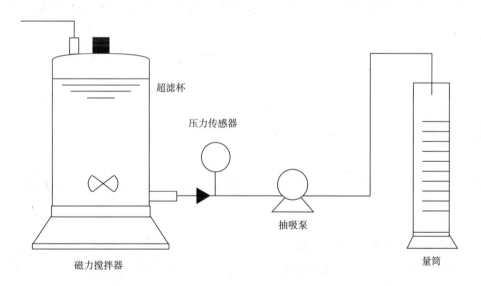

图3-3-1 超滤膜过滤装置

2.分析仪器及药剂耗材

（1）超滤膜（材质为聚醚砜，截留分子量150 kD）。

（2）污水（校园景观湖泊水或实际工业有机废水）。

（3）浊度仪。

（4）COD测定相关仪器和药剂（详见附录2）。

四、实验步骤

1. 实验准备

（1）按照图 3-3-1 连接过滤装置，并检查装置是否漏水，泵设备及压力传感器读数是否正常。

（2）本实验以通量阶式递增法考察膜通量对膜过滤性能的影响。膜通量大小可通过调节抽吸泵转速来改变。实验前在教师指导下确定基本的膜通量提高方案。

2. 过滤实验

（1）超滤杯中注入 300 mL 污水，开启磁力搅拌器，在一定转速下进行搅拌。

（2）开启抽吸泵进行膜过滤。过滤实验持续 10 min。此期间，每隔 2 min 读取压力并测量膜通量。其中，膜通量为单位时间单位面积的膜出水量，其计算方法如式（3-3-1）所示。此外，测定原料液及透过液 COD_{Cr} 和浊度。

$$J = \frac{V}{At} \qquad\qquad （3-3-1）$$

式中：J——膜通量（L/m²·h）；

$\quad\quad V$——膜滤液体积（L）；

$\quad\quad t$——过滤时间（h）；

$\quad\quad A$——膜过滤面积（m²）。

（3）更换膜片，按照方案设定值增加抽吸泵转速以提高初始膜通量，在更高的膜通量条件下进行膜过滤实验，重复步骤（1）和（2）。

五、实验数据记录及处理

将实验数据记录于表 3-3-1 和表 3-3-2。

表3-3-1 过滤实验数据记录表

泵转速：

过滤时间（min）	膜通量 (L/m²·h)	抽吸压力（kPa）
0		
2		
4		
6		
8		
10		

表3-3-2 水质指标数据记录表

实验编号	初始膜通量（L/m²·h）	COD$_{Cr}$			浊度		
		原料液（mg/L）	透过液（mg/L）	膜截留率（%）	原料液	透过液	膜截留率（%）
1							
2							
3							
4							

膜截留率 η 的计算公式如下：

$$\eta = \frac{C_0 - C}{C_0} \times 100\% \qquad （3-3-2）$$

式中：C_0——料液浓度；

C——透过液浓度。

六、思考题

（1）请分析讨论超滤膜过滤过程中压力随过滤时间的变化趋势及原因。

（2）请分析讨论膜通量的提高对压力和膜截留率的影响。

实验四　活性炭吸附亚甲基蓝实验

一、实验目的

染料废水具有色度大、有机物浓度高、可生化性差等特点，通常被认为是一种较难处理的工业废水。目前，染料废水采用的处理方法主要包括生物降解、混凝沉淀、化学氧化、膜分离及吸附处理等工艺方法。活性炭吸附法是常用的水处理方法之一，具有去除率高、操作方便、能耗低等优点。本实验将以一种典型染料——亚甲基蓝为处理对象，考察活性炭的吸附性能。希望达到以下目的：

（1）进一步了解活性炭吸附性能，加深对活性炭吸附基本原理的理解。

（2）掌握间歇式活性炭吸附亚甲基蓝的操作方法。

（3）了解活性炭吸附亚甲基蓝的影响因素。

二、实验原理

当气体或液体与固体接触时，某些物质成分在固体表面上被富集的过程称为吸附。按照作用力的不同，吸附可分为物理吸附和化学吸附。物理吸附是指吸附剂与吸附质之间是通过分子间引力（范德华力）而产生的吸附，其吸附力较低，吸附较快。化学吸附是指吸附剂与被吸附物质之间产生化学作用，形成化学键引起吸附。相较于物理吸附，化学吸附的吸附力较强，吸附较慢，具有较强的选择性，其吸附速率一般随着温度的升高而提高。在污水处理中，两种吸附往往相伴发生，综合作用。

目前，常用吸附剂主要有活性炭、沸石、硅藻土等天然矿物、活性氧化铝、硅胶、吸附树脂等。其中，活性炭比表面积大，具有较强的吸附能力和稳定的化学性能，是目前应用最为广泛的水处理吸附剂。影响活性炭吸附亚甲基蓝的因素主要有活性炭投加量、亚甲基蓝浓度、温度、pH、吸附时间、搅拌程度等。

三、实验仪器与材料

1.实验仪器

（1）恒温振荡器。

（2）离心机。

（3）可见分光光度计。

2.实验材料

（1）粉末活性炭。

（2）亚甲基蓝。

四、实验步骤

1.建立亚甲基蓝标准曲线

（1）配制亚甲基蓝贮备液：准确称取 250 mg 亚甲基蓝粉末，溶于烧杯中，并定容至 500 mL，作为亚甲蓝贮备液（50 mg/L）备用。

（2）分别取 2 mL、4 mL、6 mL、8 mL 和 10 mL 亚甲基蓝贮备液于 5 个 100 mL 容量瓶中定容，配制成不同浓度的标准溶液。

（3）采用可见分光光度计在 663 nm 下测量不同浓度标准溶液的吸光度。

（4）以溶液浓度为横坐标，吸光度为纵坐标，绘制曲线，拟合获得亚甲基蓝标准曲线。

2.制定吸附实验方案

针对活性炭投加量和温度条件的影响，设计吸附实验方案。其中，在活性炭投加量影响实验中，投加量推荐范围为 300 mg ～ 600 mg；在温度影响实验中，温度推荐范围为 25 ～ 40 ℃（起始温度大于室温）。

3.活性炭吸附实验

（1）按照实验方案中设定的不同投加量，分别将活性炭加入装有 200 mL 亚甲基蓝溶液（5 mg/L）的锥形瓶中。

（2）将装有活性炭和亚甲基蓝溶液的锥形瓶放置于恒温振荡器中，在150 r/min 转速下恒温振荡 30 min。

（3）停止振荡，取锥形瓶中上清液并离心，测量并记录离心后上清液吸光度。

（4）根据投加量实验结果，将去除率最高的投加量作为下一阶段实验的投加量条件。按照制定的实验方案，将恒温振荡器的温度分别调节至不同的设定值，重复实验步骤同（2）和（3）。

五、实验数据记录及处理

将实验数据记录于表 3-4-1 和表 3-4-2。

表3-4-1　不同活性炭投加量下的吸附实验数据

亚甲基蓝溶液初始浓度：　　　　　温度：　　　　　转速：

编号	活性炭投加量（mg）	吸附处理后亚甲基蓝溶液	
		吸光度	浓度（mg/L）
1			
2			
3			
4			

表3-4-2　不同温度下的吸附实验数据

亚甲基蓝溶液初始浓度：　　　　　活性炭投加量：　　　　　转速：

编号	温度（℃）	吸附处理后亚甲基蓝溶液	
		吸光度	浓度（mg/L）
1			
2			
3			

编号	温度（℃）	吸附处理后亚甲基蓝溶液	
		吸光度	浓度（mg/L）
4			

　　根据实验结果讨论活性炭投加量、吸附温度对活性炭吸附亚甲基蓝的影响。

六、思考题

（1）探讨强化活性炭吸附亚甲基蓝可采取的方法。

（2）探讨活性炭的再生方法。

第四章　综合性实验

实验一　机械反应斜板沉淀实验

一、实验目的

（1）了解机械反应斜板沉淀池的基本构造及工作原理。

（2）掌握机械反应斜板沉淀池的运行操作方法。

（3）了解机械反应斜板沉淀池运行的影响因素。

二、实验原理

机械反应斜板沉淀池可实现混凝和沉淀两种功能。装置前端投加混凝剂，经过机械搅拌反应后，水中悬浮物和胶体形成矾花，然后进入后端斜板沉淀池进行重力分离，进而去除水中悬浮物及胶体物质。本实验重点关注斜板沉淀池。

"浅池理论"认为，将沉淀池水平分为 n 层，可将处理能力提高 n 倍。在实际应用中，与水平面成一定角度（通常为 $60°$）放置一系列斜板以利于排泥，形成斜板沉淀池。斜板沉淀池运用了"浅池理论"，可缩短颗粒沉降距离，在不改变有效容积的情况下，增加沉淀池面积，从而提高沉淀效率。

根据沉淀池中斜板间水流与污泥的相对运行方向，斜板沉淀池主要包括以下三种类型：

1. 异向流斜板沉淀池

在污水处理中，最常用异向流斜板沉淀池。在该沉淀池中，水流与污泥沉降方向相反。水流自下而上经过斜板，沉淀污泥由上向下滑落。

2. 同向流斜板沉淀池

在同向流斜板沉淀池中，水流方向与污泥沉降方向相同。水流自上而下通过斜板，沉淀污泥沿斜板由上向下滑动。与异向流相比，由于水流方向与沉降方向相同，同向流有利于污泥的下滑，但其结构较为复杂。

3.横向流斜板沉淀池

在横向流斜板沉淀池中，水流以水平方向流动的方式经过斜板，沉淀物沿斜板自上而下滑落。

三、实验仪器及试剂

1.实验装置

图4-1-1为机械反应斜板（斜管）沉淀池示意图。实验装置由机械反应池和斜板沉淀池组成。在机械反应池上方配置蠕动泵及流量计，往原水中定量投加混凝剂。通过机械反应池内的机械搅拌器进行搅拌以形成矾花。斜板沉淀池为异向流斜板沉淀池，由进水配水区、斜板沉淀区、清水区和污泥区构成。在机械反应池已形成矾花的水流，经池下部穿孔墙进入斜板沉淀池配水区，自下而上经过斜板沉淀区，颗粒沉降于斜板上，沿斜板下滑至污泥区。经处理后的清水经池上部进入穿孔集水管，流入集水槽，并通过出水管排出。

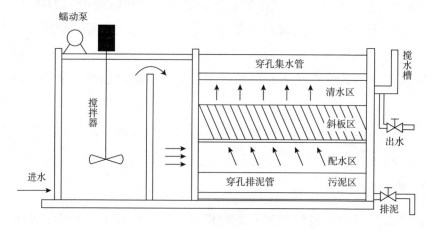

图 4-1-1　机械反应斜板沉淀池示意图

装置具体包括：

（1）配水箱。

（2）池体：包括机械反应池（配备机械搅拌器）和斜板沉淀池（斜板倾角为60°）。

（3）潜水泵和蠕动泵各 1 台。

（4）流量计 2 个。

（5）连接管路、阀门 1 套。

2. 主要检测设备及药剂

（1）烘箱。

（2）电子分析天平。

（3）浊度仪。

（4）pH 计。

（5）$Al_2(SO_4)_3$ 混凝剂。

四、实验步骤

1. 实验准备

（1）了解装置基本原理和构造，厘清装置工作流程、管路连接及设备功能。

（2）用清水注入装置，检查池体、管路等是否漏水，设备是否运行正常。

（3）设计实验运行方案，主要包括进水流量、混凝剂投加量等。

2. 装置运行

接通电源，启动装置，将原水注入装置，根据前期制定方案调节进水流量；开启蠕动泵投加 $Al_2(SO_4)_3$ 混凝剂（10 g/L）；开启机械搅拌器进行搅拌。

3. 运行监测

取进出水样，测悬浮物含量及浊度。改变进水流量，测定不同进水流量条件下的进出水样悬浮物含量及浊度。

五、实验数据记录及处理

将实验中测得的各指标填入表 4-1-1 中。计算不同进水流量条件下，根据测得的进出水 SS 和浊度去除率并进行讨论。

表4-1-1　实验记录表

水温：　　　　　pH：　　　　　　混凝剂种类：　　　　　混凝剂浓度：

工况	进水流量（L/h）	投药量（L/h）	SS（mg/L）		SS 去除率（%）	浊度		浊度去除率（%）
			进水	出水		进水	出水	
1								
2								
3								
4								

六、思考题

（1）影响斜板沉淀池处理效果的主要因素有哪些？

（2）提高沉淀池沉淀效果有哪些途径？

实验二　A²/O 脱氮除磷工艺实验

一、实验目的

氮磷作为植物营养性物质，会导致水体的富营养化，威胁水体生态环境。因此，针对环境水体富营养化问题，面对日益严格的排放标准，污水中氮磷的去除不容忽视。传统的活性污泥法主要针对有机污染物的去除，对氮磷的去除效果并不显著。厌氧—缺氧—好氧（A²/O）工艺是目前污水脱氮除磷主流工艺，在去除有机物的同时，能够实现氮和磷的去除，对避免水体的富营养化具有重要作用。本实验依托对 A²/O 脱氮除磷模型工艺的学习和实践操作，以达到以下目的：

（1）了解 A²/O 工艺的组成，运行操作要点。

（2）考察 A²/O 工艺的脱氮除磷效果。

二、实验原理

A²/O 工艺由厌氧、缺氧和好氧三个不同反应单元组成，通过不同环境交替循环，利用微生物去除水中有机物及氮磷。其中，生物脱氮过程中，污水中有机氮及氨氮经过氨化作用、硝化及反硝化反应后转化为氮气；生物除磷的基本原理则是在厌氧—好氧交替运行中，利用聚磷菌具有厌氧释磷及好氧过量吸磷的特性，降低污水磷浓度，通过排放富磷污泥而达到除磷目的。在 A²/O 工艺运行中，具体工作过程如下：

（1）首先污水进入厌氧区。在厌氧条件下，兼性菌将水中可生物降解的溶解性有机物转化为挥发性脂肪酸（volatile fat acid，VFA）；聚磷菌将菌体内聚磷分解并获得能量。一部分能量供聚磷菌生存，另一部分能量供聚磷菌主动吸收 VFA 类易降解有机物转化为聚 β–羟基丁酸（poly–β–hydroxybutyric acid，PHB）贮存于菌体内。同时，部分含氮有机物进行氨化。

（2）污水自厌氧区进入缺氧区。在缺氧环境下，反硝化菌利用污水中可生物降解有机物作为碳源，将好氧区回流硝化液中的硝酸盐还原为氮气，进行反硝化脱氮。

（3）污水从缺氧区进入好氧区。在好氧区，有机物进一步降解去除。除此之外，硝化细菌在好氧条件下，将氨氮转化为硝氮。部分混合液回流至缺氧区提供反硝化过程中的硝酸盐。另外，进入好氧状态后，聚磷菌将储存于体内的 PHB 进行好氧分解并释出大量能量供聚磷菌增殖等生理活动，部分供其主动吸收污水中的磷酸盐，以聚磷的形式积聚于体内，即为好氧吸磷。

（4）好氧区混合液进入最后的沉淀池。上清液溢流出水。经沉淀后的污泥部分回流至厌氧区，部分以剩余污泥形式排出系统。排放的剩余污泥中，包含过量吸收磷的聚磷菌。通过排出富磷污泥从污水中去除含磷物质。

三、实验仪器

1. 实验装置

实验装置流程如图 4-2-1 所示。A²/O 装置由一系列反应构筑物、设备和连接管路等构成。

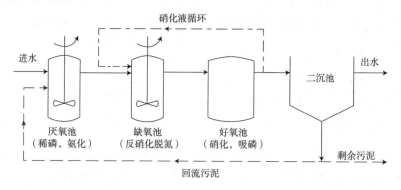

图 4-2-1 A²/O 脱氮除磷装置流程图

装置具体包括：

（1）厌氧池（配备机械搅拌器）。

（2）缺氧池（配备机械搅拌器）。

（3）好氧池（配备曝气管）。

（4）自动控制配电柜。

（5）进水泵（1 台）和回流泵（2 台）。

（6）气泵（1 台）。

（7）流量计（3 个）。

（8）连接管、阀门等。

2. 主要监测设备

（1）总有机碳 / 总氮测定仪。

（2）总磷快速测定仪。

（3）溶解氧测定仪。

（4）pH 计。

四、实验步骤

1. 实验准备

（1）理解装置工作原理和流程，厘清 A²/O 生物脱氮除磷装置各构筑物、设备和管路之间的连接关系。

（2）检查 A²/O 装置。采用清水对装置进行试运行，重点检查电控、泵、搅拌、曝气等设备是否运行正常，池体、管道和流量计进出水口有无漏水，以便后续装置的正常启动运行。

（3）分析进水（模拟城镇污水）水质及处理要求。

（4）设计 A²/O 运行方案，包括启动初始进水流量、污泥回流量和硝化液回流量等。

2. 启动运行

分别往厌氧池、缺氧池、好氧池和沉淀池加入接种污泥至有效液面高度。接种污泥可取自城市污水处理厂活性污泥。将进水流量调节至较低流量，以低负荷启动 A²/O 装置。在固定硝化液回流比（常用范围为 100% ～ 400%）情况下，硝化液回流量也相应减小。固定污泥回流比（通常为 25% ～ 100%），启动初期，暂不排放剩余污泥，以培养和驯化聚磷菌、硝化菌、反硝化菌等微生物。开启厌氧池和缺氧池配备的机械搅拌器，低速搅拌以不产生污泥沉淀即可。保证厌氧池 DO<0.2 mg/L，缺氧池 < 0.5 mg/L。开启好氧池曝气设备，使好氧池 DO 达到 2 mg/L。根据沉淀池内污泥积累情况，定期排出剩余污泥（污泥龄通常为 10 ～ 20 d）。当系统出水水质良好，处理效果相对稳定，可逐渐加大进水流量和硝化液回流量。

3. 运行监测

（1）启动过程中，每隔 2 d 取样，测定进出水 TOC、SS、TN 和 TP 等指标。

（2）定期检测污泥性质，包括 MLSS、SV 和 SVI。

（3）因系统中微生物对环境条件如温度和 DO 变化等较为敏感，在系统运行期间，监测厌氧池、缺氧池和好氧池内的 pH 和 DO 环境。

（4）记录系统的运行参数。

五、实验数据记录及处理

将实验中测得的各种数据填入表 4-2-1 中。

表4-2-1　数据记录表

运行时间：第 ___ 天

进水流量（L/h）		污泥回流量（L/h）		硝化液回流量（L/h）		排泥量（L）		曝气量（L/min）	
污泥性质		MLSS（mg/L）		SV（%）			SVI（mL/g）		
单元		厌氧池		缺氧池			好氧池		
DO（mg/L）									
pH									
水质指标（mg/L）		进水		出水			去除效率		
TN									
TP									
TOC									
SS									

基于测得的数据，讨论实验采用的 A^2/O 工艺脱氮除磷效果。

六、思考题

（1）影响生物脱氮除磷的主要因素有哪些？

（2）查阅文献，列举近年来的新型脱氮除磷技术。

实验三　厌氧膜生物反应器处理养殖废水实验

一、实验目的

（1）了解养殖废水的基本特性。

（2）掌握厌氧膜生物反应器的基本结构及运行方法。

（3）考察处理养殖废水的厌氧膜生物反应器运行性能。

二、实验原理

养殖场所产生的废水有机物、氨氮和悬浮物含量高，处理难度较大，如不经过处理直接排放于环境或农用，将造成严重污染。目前，在对养殖废水的处理技术中，厌氧处理技术能够有效处理废水并回收沼气和沼液等资源，是畜禽养殖废水无害化和资源化处理的关键一环。在众多厌氧反应器中，厌氧膜生物反应器（anaerobic membrane bioreactor，AnMBR）作为结合厌氧生化处理和膜分离的复合工艺逐渐受到关注。该工艺并不依赖于污泥颗粒化和形成生物膜来截留微生物，而是依靠膜组件来截留包括微生物在内的悬浮颗粒物，实现水力停留时间（HRT）和污泥停留时间（SRT）的分离，并能加强废水和微生物之间的混合且不必担心微生物流失。此外，废水中的悬浮颗粒物由于膜的截留能够长时间停留于反应器内而得到进一步的降解。因此，该工艺处理畜禽养殖废水这类悬浮物较高的废水具有显著优势和应用潜力。但是，膜污染作为膜生物反应器普遍面临的共性问题不容忽视。因此，在厌氧膜生物反应器处理养殖废水的运行实验中，应同时关注养殖废水处理效果以及反应器的膜污染发展情况。

三、实验仪器及试剂

1.厌氧膜生物反应器

如图 4-3-1 所示，AnMBR 系统主要由进水罐、厌氧反应罐、外置式旋转膜组件和恒温水浴箱组成。在旋转膜组件内部，盘式聚醚砜超滤平板膜平行固定于内部中空并作为滤液集水管的中心传动轴上。膜组件上方旋转电机可带动中心传动轴来实现膜片的往复式旋转（正反向交替式旋转）以强化膜表面剪切力。当系统运行时，养猪废水在液位计控制下，经进水蠕动泵输送至厌氧反应罐进行厌氧生物降解；反应罐内的厌氧污泥混合液经循环蠕动泵先泵送至恒温水浴箱加热以保证反应罐内温度在 33 ± 2 °C，再进入旋转膜组件；经膜截留的污泥浓缩液返回至厌氧反应罐；膜过滤出水则通过出水蠕动泵抽吸排出。

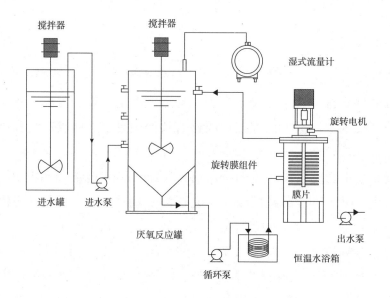

图 4-3-1　AnMBR 工艺流程图

2.指标检测仪器及药剂

（1）湿式流量计。

（2）COD 测定相关仪器和药剂（详见附录2）。

（3）NH_4^+–N 测定相关仪器和药剂（详见附录3）。

（4）pH 计。

（5）在线压力传感器（膜出水端安装）。

四、实验步骤

1.反应器运行

（1）往厌氧反应器内装入厌氧污泥（约 10 g/L，可取自其他运行中的厌氧工艺污泥）。

（2）以某养猪场所排放的养猪废水为进水。通过调节出水泵流量来维持水力停留时间为 18 h 左右；出水泵抽吸频率为每 10 min 抽吸 8 min；在 PLC 控制下维持系统的连续自动运行。

2.指标监测

监测进水、反应器内上清液及出水的水质，主要包括 COD 和氨氮；监测反应器内 pH、温度以及产气量；监测膜通量及抽吸压力。

五、实验数据记录及处理

将实验中测得的各种数据填入表 4-3-1 和表 4-3-2 中。

表4-3-1 厌氧膜生物反应器处理养殖废水监测数据

时间（d）	温度（℃）	pH	产气量（mL）	进水（mg/L）		反应器内上清液（mg/L）		出水（mg/L）	
				COD	NH_4^+-N	COD	NH_4^+-N	COD	NH_4^+-N

表4-3-2 厌氧膜生物反应器膜过滤监测数据

时间（d）	温度（℃）	膜通量（L/m²·h）	抽吸压力（kPa）	膜过滤阻力（m⁻¹）

时间 （d）	温度（℃）	膜通量（L/m²·h）	抽吸压力 （kPa）	膜过滤阻力（m⁻¹）

膜过滤性能采用膜过滤阻力来表征。根据达西定律，膜过滤阻力的计算方法如式（4-3-1）：

$$R=\frac{\Delta P}{\mu J}$$ （4-3-1）

式中：R——膜过滤阻力（m⁻¹）；

ΔP——跨膜压差（Pa）；

J——膜通量（单位时间内透过单位膜面积的出水量，L/m²·h）；

μ——滤液黏度（可取相同温度下纯水的黏度，Pa·s）。

六、思考题

（1）反应器运行监测期间养殖废水处理效果和膜过滤性能各有何变化？请分析原因。

（2）请结合本实验讨论膜分离单元在厌氧膜生物反应器处理养殖废水过程中的功能作用。

实验四　废水综合处理实验

一、实验目的

（1）了解废水处理中常用的处理单元及构成的组合工艺。

（2）掌握组合工艺系统的处理流程和运行方法。

（3）考察活性污泥系统对废水实际处理效果。

二、实验原理

废水综合处理工艺流程如下（图 4-4-1）：

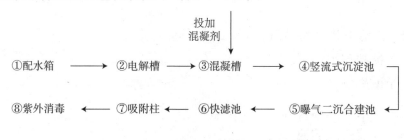

图 4-4-1　废水综合处理工艺流程

（1）废水进入配有机械搅拌器的配水箱以均衡水质。配水箱中的废水经箱底的泵输送至电解槽。

（2）废水流经电解槽，通过电极表面上发生的氧化还原反应，以及电浮选、絮凝等过程，去除废水中的污染物。针对染料废水等还可取得一定的脱色效果。

（3）电解槽上部溢流出水进入混凝槽上部混合筒。同时，通过蠕动泵将溶药槽中的絮凝剂（也可加助凝剂）定量投加至混凝槽的混合筒内。采用曝气搅拌的方式充分混合絮凝剂和废水，使废水中胶粒脱稳。混凝槽下部为反应池，使胶粒聚集形成矾花，以便在后续沉淀池中沉淀。

（4）废水从混凝反应池的上部出水口排出，进入竖流式沉淀池。经沉淀后的上清液从沉淀池上部溢流排出。

（5）沉淀池出水进入曝气二沉合建池，经由活性污泥好氧生物处理，去除水中可生化降解的有机污染物。在曝气二沉合建池中，完全混合曝气池和斜板沉淀池合建，不需设置污泥回流系统。

（6）为了进一步提升出水水质，曝气二沉合建池处理后出水依次经过装填有石英砂的快滤池以及装填颗粒活性炭的吸附柱，分别去除细小悬浮物和残留的溶解性有机物。其中，快滤池运行一段时间后，滤料易被堵塞，需定期冲洗。

（7）活性炭吸附柱处理后出水最后经紫外消毒以杀灭水中病原微生物。

三、实验仪器与试剂

1. 实验仪器

废水综合处理模型装置一套。装置具体包括：

（1）搅拌配水箱。

（2）电解槽。

（3）加药混凝槽（配备 2 个溶药槽）。

（4）竖流式沉淀池。

（5）曝气二沉合建池（自城市污水处理厂曝气池取活性污泥投入曝气二沉合建池，污泥浓度控制在 4 g/L 左右）。

（6）普通快滤池（配备定时反冲洗系统；滤池下部装填粒径 2 ~ 4mm 石英砂，厚度 50 mm；上部装填粒径 0.5 ~ 1.2 mm 石英砂，厚度 200 mm）。

（7）活性炭吸附柱（装填颗粒商品活性炭，厚度 250 mm）。

（8）紫外消毒池。

（9）自动控制配电柜。

（10）水泵、气泵、连接管、阀门等。

2. 指标分析仪器和药剂

（1）pH 计。

（2）溶解氧测定仪。

（3）COD 测定相关仪器和药剂（详见附录 2）。

（4）NH_4^+–N 测定相关仪器和药剂（详见附录 3）。

（5）TP 快速测定相关仪器和药剂（详见附录 4）。

四、实验步骤

1. 系统方案设计

（1）分析废水水质特点和处理要求。

（2）设计废水综合处理系统组合模式（考虑是否可省去某些处理单元）。

（3）设计运行方案，包括进水流量、混凝剂种类及其投加流量、电解电压和快滤池反冲洗频率的设定。

2.反应器运行

待准备工作结束之后，按照设计运行方案启动并运行系统。先将废水倒入搅拌配水箱，启动废水提升泵，调整进水量。当电解槽有出水时启动投药泵和气泵。混凝槽出水流入沉淀池，沉淀池出水流入曝气二沉合建池，使用溶解氧测定仪测定曝气二沉合建池曝气段内混合液的溶解氧值，调整曝气量使溶解氧在 2 mg/L。曝气二沉合建池的出水顺次经过快滤池和吸附柱，最后经紫外消毒后排出。

3.指标监测

系统稳定运行后测定各单元的 pH、COD、NH_4^+-N 和 TP，以及曝气池溶解氧等，并记录测定结果。

（1）此实验系统应用电线较多，操作时注意安全。

（2）溶解氧的测定点（或取样点）应在距池面 20 cm 处。

五、实验结果

1.数据记录

将实验中测得的各种数据填入表 4-4-1 中。

表4-4-1 废水处理工艺运行数据记录表

运行时间：第 ___ 天

指标	反应单元						
	进水	电解槽	竖流式沉淀池	曝气二沉合建池	快滤池	吸附柱	紫外消毒
DO（mg/L）	—	—			—	—	—
pH							

指标	反应单元						
	进水	电解槽	竖流式沉淀池	曝气二沉合建池	快滤池	吸附柱	紫外消毒
COD（mg/L）							
NH_4^+-N（mg/L）							
TP（mg/L）							
COD 去除率	—						
NH_4^+-N 去除率	—						
TP 去除率	—						
COD 总去除率							
NH_4^+-N 总去除率							
TP 总去除率							

2. 数据讨论

根据实验数据讨论该工艺处理效果，评估出水水质是否达标。

六、思考题

（1）讨论废水综合处理工艺各单元功能作用。

（2）请根据实验数据结果，对本次实验中废水综合处理工艺的单元设置或运行方案提出改进措施。

第五章　创新性实验

实验一 海藻酸钠凝胶的制备及对金属离子的吸附效果实验

一、实验目的

（1）学习制备海藻酸钠凝胶的方法，了解海藻酸钠凝胶吸附金属的原理。

（2）加深理解吸附的基本原理。

（3）通过实验取得必要的数据，计算吸附容量q，并绘制吸附等温线。

二、实验原理

海藻酸钠是从褐藻类的海带或马尾藻中提取碘和甘露醇之后的副产物，其分子由 β-D-甘露糖醛酸（β-D-mannuronic，M）和 α-L-古洛糖醛酸（α-L-guluronic，G）按（1→4）键连接而成，是一种天然多糖，具有药物制剂辅料所需的稳定性、溶解性、黏性和安全性。

海藻酸钠含有大量的酯基基团，在水溶液中可表现出聚阴离子行为，具有一定的黏附性，可用作治疗黏膜组织的药物载体。在酸性条件下，酯基基团转变成羧基，电离度降低，海藻酸钠的亲水性降低，分子链收缩，pH 值增加时，羧基基团不断地解离，海藻酸钠的亲水性增加，分子链伸展。因此，海藻酸钠具有明显的 pH 敏感性。海藻酸钠可以在极其温和的条件下快速形成凝胶。当有 Ca^{2+}、Sr^{2+} 等阳离子存在时，G 单元上的 Na^+ 与二价阳离子发生离子交换反应，G 单元堆积形成交联网络结构，从而形成水凝胶。与传统离子交换树脂通过有机分子交联形成疏水有机凝胶不同，它是通过离子键交联形成的亲水离子交联凝胶，海藻酸钙凝胶能够吸附 Cu^{2+}、Co^{2+}、Ni^{2+}、Cd^{2+}、Zn^{2+}，这些金属离子取代了 Ca^{2+} 形成了离子交联结构。

吸附能力以吸附量 q(mg/g) 表示。所谓吸附量是指单位重量的吸附剂所吸附的吸附质的重量。本实验采用海藻酸钠凝胶吸附水中的金属离子。

达到吸附平衡后，用分光光度法测得吸附前后金属离子的初始浓度 C_0 及平衡浓度 C。根据式（5-1-1）计算海藻酸钠凝胶的吸附量。

$$q = \frac{V(C_0 - C)}{W} \qquad (5-1-1)$$

式中：C_0——水中金属离子初始浓度（mg/L）；

$\quad\quad C$——水中金属离子平衡浓度（mg/L）；

$\quad\quad W$——海藻酸钠凝胶投加量（g）；

$\quad\quad V$——废水量（L）；

$\quad\quad q$——海藻酸钠凝胶吸附量（mg/g）。

在温度一定的条件下，海藻酸钠凝胶的吸附量随被吸附物质平衡浓度的提高而提高，两者之间的关系曲线为吸附等温线。以 $\lg C$ 为横坐标，$\lg q$ 为纵坐标，绘制吸附等温线。

三、实验仪器与试剂

（1）可调速搅拌器。

（2）721 型分光光度计。

（3）pH 计。

（4）温度计。

（5）过滤装置。

（6）电子天平。

（7）摇床。

（8）海藻酸钠。

（9）氯化钙。

（10）氯化铜。

四、实验步骤

1. 海藻酸钠凝胶的制备

准确称取 3.0 g 海藻酸钠溶于 100 mL 去离子水中，然后经注射器缓慢将该海藻酸钠溶液滴加至 3% 的氯化钙水溶液中，注意控制好液滴的尺寸及滴加速率，在缓慢的电磁搅拌下让液滴固化 30 min，过滤、洗涤和干燥后得到凝胶制品。

2. 铜离子标准曲线的绘制

准备 6 个 50 mL 比色管，依次加入 0 mL、1.0 mL、2.0 mL、4.0 mL、6.0 mL 和 10.0 mL 铜标准溶液（1 000mg/L），加入过量铜试剂标准溶液（54 mg/L 二乙基二硫代氨基甲酸钠），滴加浓氨水调节 pH 值至 9，用纯水定容至刻度，在波长 452 nm 处测定溶液的吸光度，绘制标准曲线。

3. 海藻酸钠凝胶对铜离子的静态吸附实验

依次称海藻酸钠凝胶 5 g、10 g、15 g、20 g、25 g 和 30 g 于 6 个 100 mL 锥形瓶中，加入 60 mL 配制的氯化铜溶液（200 mg/L）置于摇床上，以 100 r/min 转速搅拌 15 min。取下锥形瓶，静置 15 min 过滤，测定铜离子的浓度。

五、实验数据记录及处理

（1）列表记录实验数据。

（2）绘制吸附等温线。

六、思考题

海藻酸钠凝胶微球在水溶液中稳定存在条件是什么？

实验二　海水淡化 – 电容去离子实验

一、实验目的

（1）熟悉电极片的制备。

（2）观察电容去离子趋势，选择最佳去离子条件。

二、实验原理

根据电化学理论，电化学体系中电极表面与溶液之间存在双电层，而双电层具有电容的特性，即可以充电或放电。在电极一侧的充电电荷由电极上的电子或正电荷提供，而在溶液一侧的充电电荷则由溶液中的阳离子或阴离子来提供。对于一个完整的电化学体系，在不发生阳极氧化和阴极还原的情况下，当两个对应电极（正、负极）的双电层充电时，由于离子在双电层处发生富集，本体溶液中的离子浓度会降低。相反，当双电层放电时，双电层处富集的离子将扩散到本体溶液中，使本体溶液中的离子浓度重新回升。利用外加电压对双电层的充放电进行控制，就可以改变双电层处的离子浓度，并使之不同于本体溶液中的离子浓度。这种方法被称为电容去离子法。

三、实验仪器与试剂

（1）NaCl。

（2）聚偏氟乙烯（PVDF）。

（3）N- 甲基吡咯烷酮（NMP）。

（4）活性炭。

（5）不锈钢网。

（6）铜胶。

（7）电线。

（8）3M 胶。

（9）电容去离子模具。

（10）电化学工作站。

（11）电导率仪。

（12）pH 计。

四、实验步骤

1.电极片的制备

（1）电极片浆料配置：5 g 活性炭 + 1 g PVDF +10 mL NMP，混合后置于磁力搅拌器上，连续搅拌 48 h。

（2）不锈钢网裁成 3 cm×3 cm，将电极片浆料均匀涂抹在网面上，放入烘箱在 80 ℃下 24 h。

（3）电线 8 cm，两端去掉电线皮，露出内部铜丝 1 cm。

（4）用导电铜胶将电线一端裸露的铜丝固定在烘干的不锈钢网背面。

（5）用绝缘薄膜将电极片背面覆盖。

2.电容去离子 cell 制作

2 片电极片为一组，装入电容去离子模具中。

3.电容去离子实验

（1）配置 0.1 mol NaCl 溶液 100 mL。

（2）开启恒电位仪（potentionstat），开启计算机及恒电位仪工作站操作软件，连接计算机与恒电位仪。

（3）用蠕动泵将 NaCl 溶液输入电容去离子模具中，连接电容去离子模具与恒电位仪，在不同电压下，进行电容去离子测试。

（4）测量初始溶液的导电率和 pH。

（5）之后 20 min，每间隔 5 min，进行导电率及 pH 测量，并记录数据。

（6）反向电流运行 20 min，每间隔 5 min 进行导电率测量及 pH 测量，并记录数据。

五、实验数据记录及处理

将实验中测得的各种数据填入表 5-2-1 中。

计算电容去离子效率，并分析电压对去离子效率的影响。

表5-2-1　数据记录表

时间（min）	0	5	10	15	20	25	30	35	40
导电率（mS/cm）									
pH									

六、思考题

（1）制备电极时加入的 PVDF 和 NMP 作用是什么？

（2）查阅资料，找出最新的电容去离子电极材料，列出其去离子作用原因。

实验三　膜的亲水性改性及抗污染实验

一、实验目的

（1）学习膜亲水性改性的方法，了解膜改性机理。

（2）学习膜片抗污染性能的测定方法，进行抗污染能力的评价。

二、实验原理

膜技术对我国生活污水、工业废水的处理和资源化的利用有重要的意义，限制膜技术发展的主要技术难题便是膜污染问题。以聚偏氟乙烯（PVDF）膜材料为例，其疏水性极强，在传质过程中由于液料中微粒、胶体粒子或大分子溶质与膜发生物理、化学作用而引起的膜表面或膜孔内的吸附、沉积，从而造成膜渗透通量的衰减以及分离性能的下降，同时由于污染还会增加膜的操作成本和清洗难度，从而缩短膜的使用寿命。造成膜表面和膜孔内膜污染的主要有机物质是蛋白质等大分子。

研究表明，可以通过改性手段提高膜的亲水性和抗污染能力。膜亲水改性的方法主要有：一是膜基体改性，包括共混改性和共聚改性；二是膜的表面改性，包括等离子体改性、辐照接枝改性、表面化学改性、表面涂覆改性等。膜基体改性是通过对制膜液进行亲水化处理来改善膜性能；表面改性是通过在成品膜的表面引入亲水基团来达到改性目的。

其中，表面涂覆改性是较为常见的一种方法。表面涂覆改性是通过氢键、交联等作用方式，在膜表面涂覆一层亲水性物质，使其在膜表面形成致密的亲水层，增加膜的亲水性，使膜通量增加，膜污染减少。

三、实验仪器与试剂

（1）恒温加热磁力搅拌器。

（2）紫外可见分光光度计。

（3）膜通量评价仪。

（4）电热恒温鼓风干燥箱。

（5）聚偏氟乙烯膜。

（6）壳聚糖。

（7）氢氧化钠。

（8）牛血清蛋白（BSA）。

（9）冰乙酸。

四、实验步骤

1. 膜的亲水性改性

配置 2%（wt%）的醋酸溶液，分别融入壳聚糖，配制 5 g/L、10 g/L、15 g/L 和 20 g/L 的壳聚糖溶液（各配制 420 mL）；使用玻璃棒搅拌均匀，待溶液中的气泡全部脱去为止。

将聚偏氟乙烯膜浸没在去离子水中 10 min，再放入脱去气泡的不同浓度的壳聚糖溶液 90 s。然后将膜小心拿出，固定于玻璃板上，防止膜因受热卷曲。放入 40 ℃烘箱 1.5 h，冷却至室温后，用 2% 氢氧化钠溶液（质量分数）浸泡 2 min 进行中和，再用去离子水浸泡、冲洗多次直至中性。最后在室温下静置晾干。

2. 水通量的测定

在室温下，将去离子水装进膜评价仪的进料罐，并将膜在 0.8 MPa 下预压 0.5 h，待水通量基本稳定后，将压力调节在 0.1 MPa 下，用量筒测量 1 min 内透过水的体积。进行多次测量并行记录，计算出膜的纯水通量，计算公式如下：

$$J_v = \frac{V}{At} \qquad\qquad (5-3-1)$$

式中：J_v——纯水通量（$L/m^2 \cdot h$）；

V——透过纯水的体积（L）；

A——膜的有效面积（m^2）；

t——测试时间（h）。

3. 抗污染性评价

通过测试膜的通量恢复情况来评价膜的抗污染性能，通量恢复率越高，说明膜的抗污染性越好。使用 1 g/L 的 BSA 溶液为进料液，运行 150 min 后，用去离子水和 0.1% 氢氧化钠水溶液对膜进行清洗，再重新换成 BSA 溶液进料，观察膜通量的恢复情况。具体包括以下几个步骤：

（1）在固定条件下（室温，0.2 MPa），测定膜的 BSA 溶液通量（J_0），多次测量，直到出现连续三个相同的数值，进行记录。

（2）用 BSA 溶液运行 150 min 后，用去离子水清洗 30 min，再用 0.1% 氢氧化钠水溶液清洗 30 min。

（3）将进料液重新换回 1 g/L BSA 溶液，再次测量膜通量（J_1），直到出现连续三个相同的数值，进行记录。

（4）代入公式计算出膜通量恢复率，膜通量恢复率计算公式如下：

$$r = \frac{J_1}{J_0} \times 100\% \qquad\qquad (5-3-2)$$

式中：J_0——清洗前 BSA 溶液通量（$L/m^2 \cdot h$）；

J_1——清洗后 BSA 溶液通量（$L/m^2 \cdot h$）；

r——膜通量恢复率（%）。

五、实验数据记录及处理

将实验中测得的各种数据填入表 5-3-1 和表 5-3-2 中。

表 5-3-1 改性膜的纯水通量

编号	壳聚糖浓度（g/L）	纯水通量（L/m²·h）
1	0	
2	5	
3	10	
4	15	
5	20	

表 5-3-2 改性膜的通量恢复率

编号	壳聚糖浓度（g/L）	J_0（L/m²·h）	J_1（L/m²·h）	r（%）
1	0			
2	5			
3	10			
4	15			
5	20			

六、思考题

（1）分析膜污染产生可能的原因，并试述其对膜的使用有何影响。

（2）试述提高膜抗污染能力的途径有哪些。

实验四　磁性活性炭处理染料废水实验

一、实验目的

（1）熟悉磁性活性炭的制备步骤。

（2）观察磁性活性炭处理染料废水现象及条件，分析主要影响因素。

二、实验原理

粉末活性炭表面积大，吸附能力强，但其处理后的回收和分离难度高。实验利用铁离子的加入，使粉末活性炭具有磁性，在不影响其外形的前提下，提高分离效率。

三、实验仪器与试剂

（1）活性炭。

（2）$FeCl_2$。

（3）$FeCl_3$。

（4）NaOH。

（5）恒温摇床。

（6）烘箱。

（7）离心机。

（8）磁力搅拌器。

（9）磁石。

（10）可见分光光度计。

四、实验步骤

1. 磁性活性炭制备

（1）活性炭预处理：用去离子水洗涤活性炭粉末（100 g），重复三次（pH > 5），120 ℃烘干，冷却保存。

（2）配制不同浓度比（$Fe^{3+} : Fe^{2+}$）的改性剂，浓度比分别为 2 : 1、1 : 1、1 : 0、0 : 1、1 : 2。将活性炭（10 g）和不同比例溶液，混合后放在恒温摇床（35 ℃，150 r/min）中反应 1 h，并加入 50 mL 的 5 mol/L 的 NaOH 溶液。

（3）静置到第二天，上清液倒掉，再离心，用去离子水清洗，至中性（三遍），每次转速设置 5000 r/min，时间 5 min。

（4）烘干（离心管 60～80 ℃，烧杯 100 ℃）后用磁铁吸，测试磁性能。

2. 标曲制作

（1）分别配制浓度梯度为 0.01 mg/L、0.05 mg/L、0.5 mg/L、2.5 mg/L、5 mg/L、7.5 mg/L、10 mg/L 和 20 mg/L 的染料标准品溶液。

（2）采用可见分光光度计在特定波长处测定吸光度。

（3）以溶液浓度为横坐标，吸光度为纵坐标，绘制标准曲线，拟合出标准曲线方程。

3. 染料废水处理实验

（1）称取定量磁性活性炭（MAC）。

（2）配置质量浓度 100 mg/L 的染料模拟废水。

（3）将活性炭与 100 mL 模拟废水混合，置于摇床（150 r/min），在室温下进行降解实验。

（4）初始 0 min 在染料废水中取样，定为初始浓度。

（5）随后每间隔 10 min 进行取样，实验时长约为 90 min。

（6）通过可见分光光度计在特定波长下测定溶液吸光度。通过标曲，计算其浓度，每组实验平行 3 组。

五、实验数据记录及处理

将实验中测得的各种数据填入表 5-4-1 中。

根据所得数据，作如下分析：

（1）进行不同磁性活性炭 Fe 离子配比影响分析。

（2）进行不同磁性活性炭投加量影响分析。

表5-4-1　实验记录表

时间（min）	0	10	20	30	40	50	60	70	80	90
吸光度										
浓度（mg/L）										

六、思考题

（1）请根据实验现象及结果，写出磁性活性炭降解染料废水的主要影响因素及原因。

（2）查阅资料，写出染料废水降解的新技术及原理。

实验五　氧化还原介体膜强化污水脱色效能实验

一、实验目的

（1）学习介体固定化膜的制备方法，制备性能稳定的氧化还原介体膜。

（2）观察氧化还原介体膜加速染料脱色现象，加深对催化机理的理解。

二、实验原理

1.氧化还原介体

氧化还原介体（redox mediator，RM）也被称为电子穿梭体，可以可逆地被氧化和还原，具备作为氧化还原反应中电子载体的能力。氧化还原介体是能加速初级电子供体的电子向最终电子受体传递的化合物，可以使脱色速率提高一到几个数量级。

2.共混改性原理

将两种或两种以上的聚合物通过共同混合可以形成宏观上均匀、连续的高分子材料。通过共混改性的制备方法，获得综合性能比较理想的氧化还原介体固定化膜。

3.氧化还原介体强化污水脱色效能的作用机理

氧化还原介体强化污水脱色效能的过程如下：

首先，介体接受电子供体提供的电子，形成还原态。

其次，还原态介体快速把电子传递给偶氮染料，偶氮键断裂，完成脱色。

最后，还原态介体失去电子恢复到初始状态，继续进行胞外或跨膜电子传递。

这些具有传递电子能力的氧化还原介体就像催化剂一样，可以不断循环利用，降低了脱色反应的活化能，从而大幅度提升了电子传递速率，促进了偶氮染料的厌氧生物还原。

三、实验仪器与试剂

（1）恒温加热磁力搅拌器。

（2）紫外可见分光光度计。

（3）磨口锥形瓶。

（4）电热恒温鼓风干燥箱。

（5）离心机。

（6）台式恒温振荡器。

（7）戊二醛溶液。

（8）蒽醌。

（9）N-N二甲基乙酰胺。

（10）聚偏氟乙烯。

（11）沼泽红假单胞菌。

四、实验步骤

1. 制备氧化还原介体膜，确定蒽醌的最佳添加量

按一定比例称取 PVDF（13 ~ 18wt%）和蒽醌（0.5 ~ 5wt%），溶于 100 mL 的 N-N 二甲基乙酰胺（DMA）溶液中，再加入（2.5 mL/100 g）戊二醛交联剂，将其放入磁力恒温水浴锅中，在 70 ℃下机械搅拌 4 h 后，放入干燥箱 24 h 脱泡。

待铸膜液温度降至室温后用厚度为 5 mm 的刮刀将其刮制在洁净干燥的玻璃板上，随即将玻璃板浸没在纯水中，固化成膜。24 h 后，将形成的膜用去离子水除去残留的溶剂，然后保存在去离子水中以备进一步使用。

观察铸膜液状况及所制备出的介体膜性能，确定蒽醌的最佳添加量，以用于后续的染料脱色实验。

2. 氧化还原介体膜加速染料脱色实验

取 2 mL 处于对数生长期的沼泽红假单胞菌液接种到灭菌过后的染料培养基中（初始浓度 100 mg/L），装入厌氧瓶中。再将灭菌过后吸附饱和的介体膜片加入厌氧瓶中，密封置于 33 ℃，150 r/min 的恒温振荡器中厌氧培养。在一定时间段后取脱色液放入离心机中，以 10 000 r/min 的转速离心 5 min，取上清液在相应最大吸收波长处测量吸光值，代入标准曲线得到浓度。染料脱色率的计算公式为：

$$r = \frac{(A_0 - A_t)}{A_0} \times 100\% \qquad (5-5-1)$$

式中：A_0——初始时刻的吸光度；

A_t——厌氧培养 t 时刻后的吸光度；

r——脱色率（%）。

五、实验数据记录及处理

将实验中测得的各种数据填入表 5-5-1 和表 5-5-2 中。

表 5-5-1 铸膜液配比

编号	DMA（wt%）	PVDF（wt%）	蒽醌（wt%）	戊二醛（mL）

表 5-5-2 染料脱色情况

时间（h）	染料浓度（g/L）	
	菌	菌 + 介体膜

六、思考题

（1）影响膜共混效果的主要因素有哪些？

（2）影响氧化还原介体催化作用的因素有哪些？

实验六 铁碳微电解耦合生物净化治理微污染水体实验

一、实验目的

本实验针对富营养化微污染水体，采用太阳能曝气、铁碳微电解以及植物吸收降解等技术，通过浮船（岛）设计的方式将各功能进行耦合，形成一种便捷、节能、有效净化微污染水体的工艺平台。

（1）探究光照强度与曝气量和溶解氧的相关性。

（2）探究溶解氧与铁碳微电解对总磷、浊度的影响。

（3）探究不同水生植物对水体中氨氮去除的效果，筛选适宜的水生植物。

二、实验原理

1. 清洁能源驱动的浮船（岛）设计

本实验利用轻质材料设计一个船状或浮岛状水体治理装置，通过太阳能板发电用于增加溶氧和铁碳微电解曝气，使微电解更加充分。铁碳微电解材料装袋安装在浮船入水部分的四周，浮船（岛）中心空置部分种植水生植物，净化水中氨氮等。在浮岛四周可以设置类似锚的装置以对浮岛起到固定作用，风大时可固定，风小时可任其移动。

2. 铁碳微电解技术

铁碳微电解可使难降解有机物转化为易降解小分子有机物，降低生物毒性，提高污水可生化性，铁的氧化还原反应是生物电子传递链的重要组成部分，可介入微生物代谢过程，增强生物代谢反应的活性，提高去除效率。此外，通过生成稳定的磷酸铁沉淀，可有效去除水中 TP，并将 S 元素固定在河床底部，提高水体透明度。

3. 浮水植物净化技术

植物作为水生态系统的重要部分，其茎叶及根可吸收水体氮磷等营养盐，为水体及底栖生物提供栖息场所，利于污染物的降解；其根际分泌物的化感作用也有益于抑制藻类生长及净化污染水体。根系与水体微生物形成生物膜，结合铁碳微电解进一步强化降解水中污染物，促进水体自净能力的恢复。

4. 太阳能发电曝气设备

太阳能发电曝气设备由太阳能电池组、控制器、蓄电池（组）、曝气机等组成，可根据需求选择不同功率的太阳能发电曝气系统。本实验将曝气装置设计在铁碳微电解下方，利用太阳能发电驱动曝气，产生微小绵密的气泡，携带充足的氧气，向上浮动的过程中，为电解、植物和生物膜提供溶解氧，进一步提高处理效率。

三、实验材料（图5-6-1）

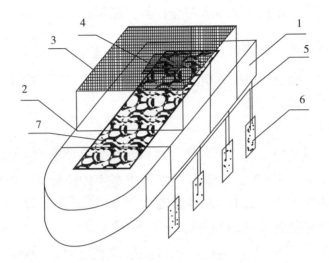

1—轻质浮板，起到给整体装置提供浮力的作用；2—PVC框架，起到支撑整个装置的作用；1和2构建的浮船框架设计为 (60-80) cm×(40-50) cm；3—太阳能发电板，为气泵提供电能；4—气泵，为铁碳微电解提供充足的空气；5—气泵管道，输送空气出口在铁碳填料的中下部位置，有利于填料充分接触空气；6—袋装铁碳微电解填料，用细绳系于PVC框架上，起到发生铁碳微电解反应的作用；7—水生观赏植物。

图5-6-1 铁碳微电解耦合生物净化综合平台装置示意图

四、实验步骤

1. 太阳能曝气对水中溶氧影响实验

实验器材：太阳能曝气设施（太阳能充电板单晶20w，型号f1，或其他合适型号），溶解氧测定仪，光度计，80 cm×60 cm×50 cm水箱，50 cm×50 cm硫酸纸若干，1 000 mL量筒。

实验方法：选择晴天进行，将装置置于水箱内（水箱内装水50～60 L，溶解氧低于4 mg/L），通过硫酸纸的层数遮光来控制透光率，测定$4×10^4～8×10^4$ lx光照度下曝气量的大小；曝气量通过量筒测定1 min内的排水量确定。

测定不同光照下水中溶氧量的变化，每隔 10 s 记录一次，直至水中溶解氧稳定。溶解氧的测定用溶解氧测定仪。如果是阴天室内进行，可通过控制照明灯亮度来模拟调节太阳能板的受光度。

2. 整体装置净化效果实验

主要检测设备：电子分析天平，总磷快速测定仪，COD 消解仪，浊度仪，分光光度计等。

实验材料：

（1）供试水样：采集下水道污水或轻度黑臭河水作为供试污水（参考《城市黑臭污水体整治工作指南》黑臭污水体污染程度分级标准。水中的氨氮含量为 8 ～ 15 mg/L，总磷浓度大于 0.035 mg/L，溶解氧的含量低于 4 mg/L，透明度为 10 ～ 13cm）。

（2）铁碳填料：直径为 0.3 ～ 1.5 cm，堆积密度为 1 000 ～ 2 000 kg/m³，空隙率为 43% ～ 51%。铁碳填料用 HCl 溶液浸泡 10 min，除去表面的氧化物，清水冲洗至中性。按 (2.5 ～ 3.0)：1 装入防腐蚀尼龙网袋备用。

（3）水生植物：选择长势良好的铜钱草、绿萝、水浮莲等，冲洗干净去除枯叶烂梗以及叶片表面附着藻类，清水培养 3 ～ 5 天备用。

实验方法：

将太阳能浮船整体装置按图 5-6-1 组装完好，浮船框架可设置为 60 cm×40 cm；铁碳：水 =1：100；水生植物：水 =10：100（单位为 g/mL）。将浮船装置放置于长方形塑料水箱中，加入待处理黑臭水样 60 L。然后将整个装置放入其中，使水生植物可以浮在水面上，铁碳微电解填料需完全浸没在水中。此后将整个实验装置在可以被阳光直射的空地上，利用太阳能曝气、铁碳微电解、植物净化三种方法相结合处理水样 1 ～ 5 天。每天取样 100 mL 分别测定总体装置对氨氮、COD、TP 和浊度的影响。其中，重复取样测定 3 次，计算平均去除率。氨氮、COD、TP 按国标法测定，浊度用浊度仪测定。

五、实验数据记录及处理

1. 太阳能曝气对水中溶氧的影响

根据表 5-6-1 和表 5-6-2 的数据绘制光照强度与曝气量的关系变化图，光照强度与溶解氧量的关系变化图。

表 5-6-1　太阳照度与曝气量的影响测定数据记录表

光照强度（lx）	曝气量（mL）	平均
30 000		
40 000		
50 000		

注：每个条件下测定三次取平均值。

表 5-6-2　太阳能曝气对水中溶氧（mg/L）的影响测定数据记录表

光照强度（lx）	10s	20s	30s	40s	50s
30 000					
40 000					
50 000					

注：每个条件下测定三次取平均值。

2. 整体装置对 TP、COD、氨氮和浊度的处理效果

记录不同光照曝气情况及搭配不同浮水植物对 TP、COD、氨氮和浊度的影响，绘制处理时间与水质指标变化图（表 5-6-3）。

表5-6-3　不同光照度对水体指标的影响测定数据记录表

光照强度（lx）	TP	COD	NH_4^+-N	浊度
30 000				
40 000				
50 000				

注：每个条件下测定三次取平均值，不同植物处理记录表格同上。

六、思考题

（1）影响铁碳微电解效果的主要因素有哪些？

（2）怎样提高实验整体装置的处理效率，有何创新改进建议？

附录

附录 1　废水中悬浮物的测定

一、悬浮物测定原理

悬浮物（不可滤残渣）是指不能通过孔径为 0.45 μm 滤膜的固体物。用 0.45 μm 滤膜过滤水样，经 103 ～ 105 ℃烘至恒重，得到悬浮物含量。

二、仪器和设备

（1）烘箱。

（2）分析天平。

（3）干燥器。

（4）孔径为 0.45 μm 滤膜。

（5）滤膜过滤器。

（6）真空泵、吸滤瓶。

（7）无齿扁嘴镊子。

（8）称量瓶。

三、测定步骤

（1）用镊子夹取滤膜于称量瓶中，移入烘箱中于 103 ～ 105 ℃烘干 0.5 h 后取出，置于干燥器内冷却至室温后称重。反复烘干、冷却、称量，直至恒重（两次称量相差不超过 0.000 2 g）。

（2）将烘干恒重的滤膜正确放入滤膜过滤器中固定好。连接真空泵，以蒸馏水润湿滤膜，并不断吸滤。

（3）量取充分混合均匀的水样 100 mL 抽吸过滤。待水分全部通过滤膜，以每次 10 mL 蒸馏水连续洗涤三次，继续抽吸过滤。停止过滤后，取出载有悬浮物的滤膜放置于原配套的称量瓶，移入烘箱中烘干 1 h 后取出，置于干燥器内冷却至室温后称重。反复烘干、冷却、称量，直至恒重（两次称量相差不超过 0.000 4 g）。

四、计算

悬浮物含量 C（mg/L）按下式计算：

$$C = \frac{(A-B) \times 10^6}{V} \qquad （附1-1）$$

式中：C——水中悬浮物含量（mg/L）；

A——悬浮固体、滤膜及称量瓶重（g）；

B——滤膜及称量瓶重（g）；

V——水样体积（mL）。

五、注意事项

（1）漂浮或浸没的不均匀固体物质（如树叶、木棒等）不属于悬浮物质，应从水样中除去。

（2）一般以 5～100 mg 悬浮物作为量取水样体积的适宜范围。必要时，可适当减少或增大取样体积。

附录 2　化学需氧量（COD）的测定（重铬酸钾法）

一、化学需氧量（COD）的测定原理

在强酸性溶液中，用一定量的重铬酸钾氧化水样中还原性物质，过量的重铬酸钾以试亚铁灵作指示剂，用硫酸亚铁铵溶液回滴。根据硫酸亚铁铵的用量算出水样中还原性物质消耗氧的质量浓度。

二、干扰及消除

酸性重铬酸钾可氧化大部分有机物。当加入硫酸银作催化剂时，直链脂肪族化合物可完全被氧化，而芳香族有机物却不易被氧化，吡啶不被氧化。挥发性直链脂肪族化合物、苯等有机物存在于蒸汽相，不能与氧化剂液体接触，氧化不明显。氯离子能被重铬酸钾氧化，并且能与硫酸银作用

产生沉淀，影响测定结果。可往水样中加入硫酸汞，形成络合物以消除干扰。氯离子含量高于 1 000 mg/L 的水样可先作定量稀释后再进行测定。

三、方法适用范围

用 0.25 mol/L 浓度的重铬酸钾溶液可测定大于 50 mg/L 的 COD 值。未经稀释水样的测定上限是 700 mg/L。用 0.025 mol/L 浓度的重铬酸钾溶液可测定 5 ～ 50 mg/L 的 COD 值，但低于 10 mg/L 时测量准确度较差。

四、仪器和设备

（1）COD 消解仪。
（2）滴定台。
（3）酸式滴定管。
（4）消解管。
（5）锥形瓶。

五、试剂和材料

（1）硫酸 – 硫酸银试剂：向 2500 mL 浓硫酸中加入 25 g 硫酸银，放置 1 ～ 2 天，不时摇动使之溶解；

（2）重铬酸钾标准溶液（$1/6K_2CrO_7$=0.25 mol/L）：称取预先在 120 ℃烘干 2 h 的优级纯重铬酸钾 12.258 g 溶于水中，移入 1 000 mL 容量瓶，稀释至标线，摇匀。

（3）硫酸亚铁铵标准溶液 [$(NH_4)_2Fe(SO_4)_2 \cdot 6H_2O$≈0.1 mol/L]：称取 39.5 g 硫酸亚铁铵溶于水中，边搅拌边缓慢加入 20 mL 浓硫酸，冷却后移入 1000 mL 容量瓶中，加水稀释至标线，摇匀。

（4）试亚铁灵指示液：称取 1.458 g 10- 邻菲咯啉（$C_{12}H_8N_2 \cdot H_2O$，1,10–phenanthroline）和 0.695 g 硫酸亚铁（$FeSO_4 \cdot 7H_2O$）溶于水中，稀释至 100 mL，贮于棕色瓶内。

六、实验步骤

（1）依次往 COD 消解管中加入 1 mL 水样（空白以蒸馏水代替），1 mL

蒸馏水，1 mL 重铬酸钾标准溶液和 3 mL 硫酸—硫酸银。将消解管置于 COD 消解仪的消解槽内，于 150 ℃消解 2 h。

（2）消解结束后冷却，用硫酸亚铁铵标准溶液滴定。滴定时，将消解后的混合液倒入锥形瓶，用蒸馏水冲洗消解管内壁，并将冲洗液倒入锥形瓶。在锥形瓶中加入 1 滴试亚铁灵指示剂，摇匀，用硫酸亚铁铵标准溶液滴定。溶液颜色由黄色经蓝绿色变为红褐色即为终点。记录硫酸亚铁铵标准溶液所用体积。

七、计算

$$\mathrm{COD_{Cr}}(\mathrm{mg/L}) = \frac{V_0 - V_1}{V} \times 稀释倍数 \times \mathrm{COD}系数 \qquad （附2-1）$$

式中：V_0——滴定空白时硫酸亚铁铵标准溶液用量（mL）；

V_1——滴定水样时硫酸亚铁铵标准溶液用量（mL）；

V——水样体积（mL）。

COD 系数测定方法如下：于 150 mL 锥形瓶中依次加入 2 mL 重铬酸钾标准溶液、8 mL 蒸馏水和 3 mL 浓硫酸，摇匀。冷却后加入一滴试亚铁灵指示剂，用硫酸亚铁铵标准溶液滴定。溶液颜色由黄色经蓝绿色变为红褐色即为终点。记录硫酸亚铁铵标准溶液所用体积。按照下式计算获得 COD 系数。

$$\mathrm{COD}系数 = \frac{C \times 2 \times 8 \times 1\,000}{V'} \qquad （附2-2）$$

式中：C——硫酸亚铁铵标准溶液的浓度（mg/L）；

V'——滴定所用的硫酸亚铁铵标准溶液量（mL）。

附录 3　氨氮的测定（纳氏试剂光度法）

一、氨氮的测定原理

以游离态的氨或铵离子等形式存在的氨氮与纳氏试剂（碘化汞和碘化钾的碱性溶液）反应生成淡红棕色络合物，通常可在波长 420 nm 处测量吸光度。

二、干扰及消除

脂肪胺、芳香胺、醛类、丙酮、醇类和有机氯胺类等有机化合物，以及铁、锰、镁和硫等无机离子，因产生异色或浑浊而引起干扰。水中颜色和浑浊也会影响比色结果。为消除上述干扰，须经过絮凝沉淀过滤或蒸馏预处理。易挥发的还原性干扰物质还可在酸性条件下加热去除。对金属离子的干扰，可加入适量掩蔽剂加以消除。

三、方法适用范围

本法最低检出浓度为 0.025 mg/L（光度法），测定上限为 2 mg/L。

四、仪器

（1）分光光度计。

（2）比色皿。

五、试剂

（1）蒸馏法制无氨水：在 1 000 mL 的蒸馏水中，加 0.1 mL 硫酸（ρ=1.84g/ mL），在全玻璃蒸馏器中重蒸馏，弃去前 50 mL 馏出液，然后将其约 800 mL 馏出液收集于具塞磨口的玻璃瓶内保存。

（2）纳氏试剂：称取 16.0 g 氢氧化钠（NaOH），溶于 50 mL 水中，冷却至室温。称取 7.0 g 碘化钾（KI）和 10.0 g 碘化汞（HgI_2）溶于水中，然后将此溶液在搅拌下徐徐加入到上述 50 mL 氢氧化钠溶液中，用水稀释至 100 mL，贮于聚乙烯瓶内，用橡皮塞或聚乙烯盖子盖紧，于暗处存放。

（3）酒石酸钾钠溶液（ρ=500 g/L）：称取 50.0 g 酒石酸钾钠（$KNaC_4H_4O_6 \cdot 4H_2O$）溶于 100 mL 水中，加热煮沸驱除氨，充分冷却后定容至 100 mL。

（4）氨氮标准贮备溶液（氨氮浓度为 1 000 μg/mL）：称取 3.819 g 经 100 ℃干燥过的优级纯氯化铵（NH_4Cl）溶于水中，移入 1 000 mL 容量瓶中，稀释至标线。

（5）氨氮标准工作溶液（氨氮浓度为 10 μg/mL）：移取 5.00 mL 氨氮标准贮备溶液于 500 mL 容量瓶中，稀释至标线。临用前配制。

六、实验步骤

（1）校准曲线绘制：在 7 个 50 mL 比色管中，分别加入 0.0 mL、0.5 mL、1.0 mL、3.0 mL、5.0 mL、7.0 mL 和 10.0 mL 氨氮标准工作溶液。加水至标线，其所对应的氨氮量分别为 0.0 μg、5.0 μg、10.0 μg、30.0 μg、50.0 μg、70.0 μg 和 100.0 μg。移取 1.0 mL 酒石酸钾钠溶液加入其中，摇匀。移取纳氏试剂 1.0 mL 加入后摇匀。静置 10 min 后，将溶液注入比色皿，在波长 420 nm 处，以蒸馏水作参比测量吸光度。以空白校正后的吸光度为纵坐标，其对应的氨氮含量（mg）为横坐标，绘制校准曲线。

（2）水样测定：取适量水样加入 50 mL 比色管中，稀释至标线。按与校准曲线相同的步骤测量吸光度。

（3）空白试验：用 50 mL 无氨水代替水样，按与水样测定相同的步骤测量吸光度。

七、计算

由水样测得的吸光度减去空白试验吸光度后，从校准曲线上查得氨氮含量（mg）：

$$\rho_N = \frac{m}{V} \times 1000 \qquad \text{（附 3-1）}$$

式中：ρ_N——水中氨氮浓度（mg/L，以 N 计）；

m——由校准曲线查得的氨氮量（mg）；

V——水样体积（mL）。

附录 4　5B-6P 型总磷快速测定的使用方法

一、总磷快速测定的原理

在中性条件下，过硫酸钾溶液在高压釜中经 120 ℃以上加热，产生如下反应：

$$K_2S_2O_4+H_2O \rightarrow 2KHSO_4+[O]$$

进而将水中有机磷、无机磷和悬浮物中所含的磷氧化成正磷酸。在酸性介质中，正磷酸与钼酸铵反应，在锑盐存在下生成磷钼杂多酸后，立即被抗坏血酸还原，生成蓝色络合物，在 880 nm 和 700 nm 波长下均有最大吸收度。

二、仪器设备

（1）5B-6P 型总磷快速测定仪。

（2）消解管。

（3）比色皿。

三、实验试剂

（1）过硫酸钾。

（2）LH-P1-100 试剂：将整瓶晶体粉末试剂倒入烧杯中，加入 100 mL 蒸馏水后不断搅拌直至全部溶解后备用。

（3）LH-P2-100 试剂：将整瓶晶体粉末试剂倒入烧杯中，加入 88 mL 蒸馏水，加入 12 mL 分析纯硫酸后不断搅拌直至全部溶解后备用。

四、实验步骤

（1）打开总磷快速测定仪消解器电源开关，设定温度 120 ℃，使仪器提前预热。若达到设定温度，屏幕右边的小灯会由红变绿。

（2）0 号消解管加蒸馏水 8 mL，其他消解管加水样 8 mL。

（3）往各消解管中加过硫酸钾 1 mL，盖紧瓶盖。

（4）在 120 ℃下密封消解 30 min。按设定时间，开始消解。

（5）取出消解管，水冷 2 min。

（6）往各消解管中分别依次加入 P1 试剂和 P2 试剂各 1 mL，摇匀。

（7）静置 10 min。

（8）将 0 号消解管内溶液倒入比色皿约 2/3 处。将比色皿放入总磷快速测定仪比色槽中，约 2 ～ 3 s 后，待示数稳定，按下空白键。其余水样依次放入，待示数稳定后，记录数据。

附录 5　HI98713 型浊度仪使用方法

一、量程

HI98713 型浊度仪自动选择正确的范围，以最高的精度显示结果。当测量值大于 1 000 FNU（超量程）时，显示屏会显示 1 000 FNU 最大值并闪烁。

二、校准

校准可分两点、三点或四点进行。按下"CAL"或"ON/OFF"可以中断校准程序。

1.两点校准

（1）按下"ON/OFF"开关打开仪器。当屏幕显示破折号时，表示仪器可以准备进行测量。

（2）按下"CAL"进入校准模式，屏幕将会显示"CAL P.1"且无建议值显示。这一点用来确认光学系统是否故障。

（3）把 FNU<0.1 的校准用比色皿放入仪器测量槽中并确保标记对齐。盖上遮光盖按下"READ"键，将显示闪烁的破折号。或按"LOG/CFM"跳过第一点的校准。

（4）第一点确认完成之后，第二个校准点（15.0 FNU）和"CAL P.2"在屏幕上显示，"READ"标签闪烁。

（5）将15.0 FNU标准比色皿放入仪器测量槽中并确保标记对齐，关上遮光罩并按下"READ"键，屏幕将显示闪烁的破折号以及测量过程。

（6）测量完成之后第三点校准点（100 FNU）和"CALP.3"将显示在屏幕上。此时按下"CAL"键即可退出校准，将回到测量界面。

2. 三点校准

（1）将100 FNU标准比色皿放入仪器测量槽中并确保标记对齐，关上遮光罩并按下"READ"键。测量期间将显示闪烁破折号和图标。

（2）测量完成之后第四点校准点（750 FNU）和"CALP.4"将显示在屏幕上，此时按下"CAL"键即可退出校准，将回到测量界面。

3. 四点校准

（1）将750 FNU标准比色皿放入仪器测量槽中。确保比色皿标记与仪器上的标记对齐并盖上遮光罩，按下"READ"键。测量期间将显示闪烁破折号和图标。

（2）测量完成之后机器自动储存校准数据并且直接返回测量界面。

三、测量

（1）将约8～10 mL被测样品溶液注入干净的比色皿并盖上盖，用无绒布擦净比色皿表面。

（2）将比色皿放入测量槽中，确保标记对齐并盖上遮光罩。

（3）按"READ"键，待显示数据稳定后，即可读取被测溶液的浊度值。

（4）读数后取出比色皿，进入下一个样品的测量或关机。

附录6 721型可见分光光度计操作规程

721型可见分光光度计操作步骤如下：

（1）接通电源，打开开关，预热 20 min。接通电源后，仪器进入自检状态。

（2）按"MODE"键将测试模式设置为"透射比（T）"。

（3）波长选择：用波长调节旋钮设置所需的波长。

（4）调零：在 T 方式下按"0%"键，此时仪器自动校正后显示"0.000"。

（5）调满：在比色皿槽中，依次放入参比液，样品液 1 和样品液 2 等，盖上样品室盖（注意透光截面垂直于光路方向）。将参比液拉入光路中，按"100%T"键将 T 调为 100%。此时仪器显示"BLA"，表示仪器正在自动校正，校正完毕后显示"100.0"。

（6）样品测定：按"MODE"键转换为"吸光度（A）"方式，显示屏读数为"0.000"。将样品液分别拉入光路中，此时显示样品吸光度，记录数据。

附录 7　STARTER 2100 型酸度计使用方法

一、操作步骤

实验室测定样品 pH 值一般可按照以下步骤操作进行：

（1）pH 电极准备与清洗。

（2）pH 标准缓冲液准备与 pH 电极校准。

（3）样品准备与 pH 电极清洗。

（4）样品 pH 测量。

（5）样品 pH 读数终点确认并记录。

其中，使用电极时要先旋下保护瓶身，便于保护瓶盖上移或下移。可将保护瓶放置于独立电极支架凹槽中，避免打翻保护瓶。保护瓶中装有 3 mol/L KCl 溶液。pH 电极头使用前后都须用纯水冲洗，用吸水纸吸干水分，不可用纸摩擦电极球泡。

二、校准

随着电极长时间使用或存储，同一根电极在相同样品（或标准缓冲液）中产生的电位值（mV）会有变化。为保证测量数据的准确，pH电极初次使用前或使用一段时间后都要做校准。STARTER 2100 可进行一点和两点校准。

1. 准备校准缓冲液

pH分别为4.00、6.86和9.18（25 ℃）的校准缓冲液组已内置于仪表软件中。准备好相应的标准缓冲液。校准过程中仪表将自动识别使用的标准缓冲液pH值。

2. 一点校准

将电极放入任一标准pH缓冲液中，并按"校准"键开始校准。在校准过程中，屏幕上方显示校准图标和测量图标。校准过程中，测量图标闪烁，这表示仪表仍在读取电极信号。当读数稳定后，按"读数"键锁定读数，相应的校准缓冲液数值显示，测量图标消失，即完成了第一校准点。

接下来三种操作可供选择：

（1）按"校准"键继续进行两点校准。

（2）按"读数"键完成校准，零点和斜率显示3秒后消失，回到测量界面。

（3）按"退出"键放弃此次校准，退回测量界面。

注意：

当进行一点校准时，只有零点（offset）被调节。若电极之前进行过多点校准，之前校准的斜率（slope）会被保存。否则理论斜率100%（即 –59.16mV/pH）被采纳。

3. 两点校准

按上述"一点校准"的操作步骤完成第一点校准后，用纯水清洗电极后擦干并放入第二个缓冲液中，按"校准"键。在信号稳定后，按"读数"键锁定读数显示第二点缓冲液值，完成第二点校准。

接下来两种操作可供选择：

（1）按"读数"键完成校准，零点和斜率显示 3 秒后消失，回到测量界面。

（2）按"退出"键放弃此次校准，退回测量界面。

注意：

（1）推荐使用带内置温度探头的电极。

（2）若电极校准出错，会显示"Err"，同时本次校准数据不存储。

（3）若要回看最后校准数据，可长按（3秒）"校准"键，显示屏将显示最后一次校准结果，包括零电位、斜率以及是一点还是两点校准。仪表会根据校准结果在仪表显示上方给出提示。

三、样品测量

1. pH 测量

电极经校准后可进行样品 pH 值的测量。将电极放在样品溶液中并按"读数"键开始测量。待读数稳定后，按"读数"键锁定读数。

2. ORP 测量

对 ORP（氧化还原电位）的测量，可连接 ORP 电极，按"pH/mV"键切换至 mV 模式，测量此时的 mV 值。

3. 温度测量

当使用温度探头时，屏幕将显示"ATC"符号和样品温度。当仪表未检测到温度探头时，显现"MTC"符号。

四、注意事项

（1）为了确保测量 pH 值的精确，应对 pH 电极定期进行校准。应选用未变质的校准缓冲液。

（2）电极不可干放，应存放于 3 mol/L KCl 溶液中，避免放于蒸馏水中。

附录 8　BSA 124S 型电子天平使用方法

一、操作步骤

（1）调整天平水平：每次变换天平安装位置后，都需重新对天平进行水平调整。可通过调整地脚螺栓高度，使水平仪内的汽泡位于圆环中央。

（2）开机：接通电源，按开关键，自动初始化功能之后自动去皮。

（3）预热天平：在初次接通电源或长时间断电之后，至少需要预热 30 min。

（4）校准：按"TAR"键去皮后，按"CAL"键开始外部校准。根据显示屏提示，在称重盘中心放置相应的校准砝码，进行校正 / 调整，移去校准砝码。

（5）称量：经校准后的天平可进行称量。将容器放在称重盘中心，按"TAR"去皮清零；将样品放在容器中进行称量，待示数稳定后即可读数并记录。

二、注意事项

（1）分析天平应定期校正以保持最佳状态。

（2）在对天平清洗之前，将天平与电源断开；在清洗时，禁止使用任何具有腐蚀性的清洁剂（溶剂类等），不得让液体渗入天平内部。清洗后使用柔软的清洁干布擦拭天平。

（3）确定天平最大量程，称量的物品不要超过天平的最大载荷。

（4）禁止用手压称盘或使天平跌落地下，以免损坏天平或影响其性能。

（5）称量易挥发和具有腐蚀性的物品时，应盛放于密闭容器内，以免腐蚀和损坏电子天平。

附录9　H1650型台式离心机使用方法

一、操作程序

（1）把离心机放置于坚实的平面桌或平面台上，目测使之平衡，用手轻摇一下离心机，检查离心机是否放置平衡。安装电源必须有良好的接地线。

（2）插上电源插座，按下电源开关。

（3）按"STOP"键，打开门盖。

（4）离心管加液应均匀，预先平衡后，须成偶数对称放入转子内。务必旋紧转子螺母和转子盖。重新检查上述步骤，完毕用手轻轻旋转一下转子体，使离心管架运转灵活。

（5）关上门盖，务必使门盖锁紧。完毕用手检查门盖是否关紧。

（6）设置转子号、转速和时间。

第一，离心机在停止状态下，按"SET"键，即进入转子号、转速和时间设置状态，再按"▲"或"▼"键确定离心机本次工作的转子号、转速和时间；在运行状态下，只能设置转速和时间，操作与上同。对应的转子一定要设置相应的转速，不可超速使用，否则对试管或转子有损坏。

第二，当上述步骤完成后，再按"ENTER"键，确认上述所设的转子、转速和时间，再按"START"键启动离心机。

第三，在运行过程中，如果要看离心力，按下"RCF"键（RCF灯亮），就显示当前转速下的离心力，3秒后自动返回到运行状态；在离心机运行时进入设置状态，如果要取消设置，按下"RCF"键即返回到运行状态。

（7）离心机时间倒计时到"0"时，离心机将自动停止。当转速降至0 r/min时，蜂鸣器鸣叫。

（8）当转子停止转动后，打开门盖，取出离心管。

（9）关断电源开关，离心机断电。

二、注意事项

1.离心机

（1）在使用离心机前请仔细阅读使用说明书。

（2）安装电源必须有良好的接地线。

（3）离心机在运转时严禁移动。门盖上严禁放任何物品。

（4）在使用前仔细检查转子和离心试管。严禁使用有腐蚀或裂纹的转子以及有裂纹和变形的离心试管。

（5）离心试管加液应均匀，须成偶数对称放入转子体或挂架内。

（6）转子号的设置必须与运行的转子一致，务必旋紧转子螺母和转子盖，水平转子必须悬挂相同的吊篮，否则严禁开机工作。

（7）严禁超过转子允许的最高转速使用。当离心样品密度若大于1.2g/mL，转子允许的最高转速必须下降。

$$N_{最高允许转速} = N_{最高转速} \times \sqrt{1.2 / \rho(样品密度)} \qquad （附 9-1）$$

（8）离心机用完后关上电源。

2.转子

（1）转子号的设置必须与运行的转子一致，务必旋紧转子螺母和转子盖，必须悬挂相同的吊篮，否则严禁开机工作。

（2）转子体中心孔应涂少许润滑脂，经常检查转子体内外表面是否有腐蚀和划伤。严禁使用有腐蚀或裂纹的转子。

（3）转子超过使用期限，须更换转子。

附录 10　UV2700i 型紫外可见分光光度计操作规程

一、开机

（1）打开计算机。检查紫外可见分光光度计外观和内仓是否正常。保证样品仓内无样品及其他物品，以免遮挡光路。打开 UV2700i 仪器开关（右下方），仪器发出一声鸣响，开始自检。当听到两次鸣响发出，则表明自检完成。

（2）双击计算机桌面 UVProbe 图标，进入紫外可见分光光度计匹配的分析软件。

二、选择测试模式

1.光谱扫描

"光谱扫描"主要用以检测样品对一定范围波长光的吸收情况，以便对样品进行定性测量。具体步骤如下：

（1）点击软件菜单栏中的"光谱"图标，再点击"连接"，UV 主机会给出自检报告。所有结果均为绿色，则自检通过，点击"确定"。

（2）点击"编辑"菜单中的"方法"，在"测定"选项中设定检测参数。

（3）在样品室内参比及检测光路同时放入装有空白溶液的比色皿。

（4）点击"基线"，显示"基线参数"窗口，确认显示的校正范围与"方法"中设置的波长范围一致，然后单击"确定"。开始基线校正以扣除空白的背景吸收。

（5）将检测光路中的空白溶液换成待测样品。点击"开始"进行测试。

（6）测定结束，点击"文件"菜单的"另存为"即可保存数据谱图。

2.光度测定

"光度测定"是检测样品在特定波长中的吸光度（或透过率）。具体步骤如下：

（1）点击软件菜单栏"光度测定"图标，点击"编辑"图标输入波长，点击"保存文件参数"。

（2）在样品室内参比及检测光路同时放入装有空白溶液的比色皿。点击"自动调零"。

（3）在样品池放入装有待测样品的比色皿，若一次放入 6 个比色皿，点击"当前池"，机器自动测量吸光度，再点击"下一个"，则可以依次测量 6 个样品；若仅有一个比色皿，则点击"当前池"，测量后取出比色皿，加入新样品，再次点击"当前池"，依次循环。

（4）测量结束后，点击"文件"菜单中的"另存为"保存测量结果。

三、关机

（1）点击"断开"，关闭软件，再关闭仪器。

（2）取出比色皿，用蒸馏水冲洗干净，倒立晾干。

（3）将干燥剂放入样品室内，盖上防尘罩。

四、注意事项

（1）如果更改测定参数，必须执行基线校正。

（2）需保存的光谱图像务必进行保存操作，否则软件关闭后将丢失。

（3）比色皿光亮面应用擦镜纸小心擦拭，避免划伤。

附录 11　岛津 TOC-VCPH 型总有机碳测定仪使用方法

岛津 TOC-VCPH 型总有机碳测定仪的简易操作程序如下：

1. 分析前的检查

开启仪器电源前请先执行以下日常检查。检查稀释水→检查酸溶液→检查排水瓶水位→检查冷凝水瓶的水位→检查加湿器水位。

2. 载气流量的设定

开启仪器前门，转动载气流量调节旋钮，将流量调节至 150 mL/min。

3. 开启仪器

开启仪器前门，用载气气压调节旋钮将载气气压调节至 200 kPa，用于载气供应气瓶的压力调节器将载气的供给压力设成 300 kPa，然后按电源开关开启仪器。

4.电炉电源

进行 TC、TOC、NPOC、POC 和 TN 分析时必须打开电炉的电源。

5.打开样品表编辑器

样品表编辑器是一个电脑的应用程序，通过软件操作便可以分析样品。在 Windows 开始菜单中启动 TOC-Control V，然后点击"样品表编辑器"执行操作。

6.创建一个样品表

点击文件浏览器"样品表"选项卡内的"新建"，屏幕上出现"选择硬件设置"窗口，选择待使用的"硬件"，必要时输入注释。点击"确定"，新的样品表创建完毕，并在样品表编辑器中打开。

7.创建分析参数文件

创建标准曲线文件的目的是为测量标准溶液和制作一条标准曲线设定分析参数。

8.输入样品瓶号

在"样品瓶"列的某个单元格内输入编号，然后点击单元格右下部分，向下拖动后，就可以一次性输入一系列样品瓶编号。点击"确定"关闭窗口，样品表中的所有瓶号都自动设置完毕。

9.样品分析

打开要使用的样品表，点击"开始"，选择"普通模式"，点击"确定"；点击"开始"，分析步骤开始执行，每次样品测量完成后，结果都显示在"TOC 测量"窗口中。点击"下一步"，开始分析下一个样品。分析时如出现峰，可以点击⊞打开样品窗口。

10.查看和输出分析结果

点击⊞，屏幕上显示"样品窗口"。可以在此窗口中检查每一个分析的样品。

11.结束分析

点击"关机",选择合适的关机程序。

关闭仪器:仪器电源将在 30 分钟后关闭。

休眠:仪器进入休眠状态,在特定的日期和时间自动重启。

选择关机并点击了"确认"按钮后,就可以立即关闭计算机电源,无需等待仪器电源关闭。

附录 12 城镇污水处理厂污染物排放标准
(GB 18918—2002)

城镇污水处理厂污染物排放标准

1.范围

本标准规定了城镇污水处理厂出水、废气排放和污泥处置(控制)的污染物限值。

本标准适用于城镇污水处理厂出水、废气排放和污泥处置(控制)的管理。

居民小区和工业企业内独立的生活污水处理设施污染物的排放管理,也按本标准执行。

2.规范性引用文件

下列标准中的条文通过本标准的引用即成为本标准的条文,与本标准同效。

GB 3838 地表水环境质量标准

GB 3097 海水水质标准

GB 3095 环境空气质量标准

GB 4284 农用污泥中污染物控制标准

GB 8978 污水综合排放标准

GB 12348 工业企业厂界噪声标准

GB 16297 大气污染物综合排放标准

HJ/T 55 大气污染物无组织排放监测技术导则

当上述标准被修订时，应使用其最新版本。

3. 术语和定义

3.1 城镇污水（municipal wastewater）

指城镇居民生活污水，机关、学校、医院、商业服务机构及各种公共设施排水，以及允许排入城镇污水收集系统的工业废水和初期雨水等。

3.2 城镇污水处理厂（municipal wastewater treatment plant）

指对进入城镇污水收集系统的污水进行净化处理的污水处理厂。

3.3 一级强化处理（enhanced primary treatment）

在常规一级处理（重力沉降）基础上，增加化学混凝处理、机械过滤或不完全生物处理等，以提高一级处理效果的处理工艺。

4. 技术内容

4.1 水污染物排放标准

4.1.1 控制项目及分类。

4.1.1.1 根据污染物的来源及性质，将污染物控制项目分为基本控制项目和选择控制项目两类。基本控制项目主要包括影响水环境和城镇污水处理厂一般处理工艺可以去除的常规污染物，以及部分一类污染物，共 19 项。选择控制项目包括对环境有较长期影响或毒性较大的污染物，共计 43 项。

4.1.1.2 基本控制项目必须执行。选择控制项目，由地方环境保护行政主管部门根据污水处理厂接纳的工业污染物的类别和水环境质量要求选择控制。

4.1.2 标准分级。

根据城镇污水处理厂排入地表水域环境功能和保护目标，以及污水处理厂的处理工艺，将基本控制项目的常规污染物标准值分为一级标准、二级标准、三级标准。一级标准分为 A 标准和 B 标准。一类重金属污染物和选择控制项目不分级。

4.1.2.1　一级标准的 A 标准是城镇污水处理厂出水作为回用水的基本要求。当污水处理厂出水引入稀释能力较小的河湖作为城镇景观用水和一般回用水等用途时，执行一级标准的 A 标准。

4.1.2.2　城镇污水处理厂出水排入 GB 3838 地表水Ⅲ类功能水域（划定的饮用水水源保护区和游泳区除外）、GB 3097 海水二类功能水域和湖、库等封闭或半封闭水域时，执行一级标准的 B 标准。

4.1.2.3　城镇污水处理厂出水排入 GB 3838 地表水Ⅳ、Ⅴ类功能水域或 GB 3097 海水三、四类功能海域，执行二级标准。

4.1.2.4　非重点控制流域和非水源保护区的建制镇的污水处理厂，根据当地经济条件和水污染控制要求，采用一级强化处理工艺时，执行三级标准。但必须预留二级处理设施的位置，分期达到二级标准。

4.1.3　标准值。

4.1.3.1　城镇污水处理厂水污染物排放基本控制项目，执行附表 12-1 和附表 12-2 的规定。

4.1.3.2　选择控制项目按附表 12-3 的规定执行。

附表12-1　基本控制项目最高允许排放浓度（日均值）

单位：mg/L

序号	基本控制项目	一级标准		二级标准	三级标准
		A 标准	B 标准		
1	化学需氧量（COD）	50	60	100	120[①]
2	生化需氧量（BOD5）	10	20	30	60[①]
3	悬浮物（SS）	10	20	30	50
4	动植物油	1	3	5	20
5	石油类	1	3	5	15
6	阴离子表面活性剂	0.5	1	2	5

序号	基本控制项目		一级标准		二级标准	三级标准
			A 标准	B 标准		
7	总氮（以 N 计）		15	20	—	—
8	氨氮（以 N 计）②		5（8）	8（15）	25（30）	—
9	总磷（以 P 计）	2005 年 12 月 31 日前建设的	1	1.5	3	5
		2006 年 1 月 1 日起建设的	0.5	1	3	5
10	色度（稀释倍数）		30	30	40	50
11	pH		6～9			
12	粪大肠菌群数（个 /L）		10^3	10^4	10^4	—

注：①下列情况下按去除率指标执行：当进水 COD 大于 350 mg/L 时，去除率应大于 60%；BOD 大于 160 mg/L 时，去除率应大于 50%。

②括号外数值为水温＞ 12℃时的控制指标，括号内数值为水温 ≤12℃时的控制指标。

附表12-2　部分一类污染物最高允许排放浓度（日均值）

单位：mg/L

序号	项目	标准值
1	总汞	0.001
2	烷基汞	不得检出
3	总镉	0.01
4	总铬	0.1
5	六价铬	0.05
6	总砷	0.1
7	总铅	0.1

附表12-3　选择控制项目最高允许排放浓度（日均值）

单位：mg/L

序号	选择控制项目	标准值	序号	选择控制项目	标准值
1	总镍	0.05	23	三氯乙烯	0.3
2	总铍	0.002	24	四氯乙烯	0.1
3	总银	0.1	25	苯	0.1
4	总铜	0.5	26	甲苯	0.1
5	总锌	1.0	27	邻—二甲苯	0.4
6	总锰	2.0	28	对—二甲苯	0.4
7	总硒	0.1	29	间—二甲苯	0.4
8	苯并(a)芘	0.000 03	30	乙苯	0.4
9	挥发酚	0.5	31	氯苯	0.3
10	总氰化物	0.5	32	1,4—二氯苯	0.4
11	硫化物	1.0	33	1,2—二氯苯	1.0
12	甲醛	1.0	34	对硝基氯苯	0.5
13	苯胺类	0.5	35	2,4—二硝基氯苯	0.5
14	总硝基化合物	2.0	36	苯酚	0.3
15	有机磷农药（以P计）	0.5	37	间–甲酚	0.1
16	马拉硫磷	1.0	38	2,4—二氯酚	0.6
17	乐果	0.5	39	2,4,6—三氯酚	0.6
18	对硫磷	0.05	40	邻苯二甲酸二丁酯	0.1
19	甲基对硫磷	0.2	41	邻苯二甲酸二辛酯	0.1
20	五氯酚	0.5	42	丙烯腈	2.0
21	三氯甲烷	0.3	43	可吸附有机卤化物（AOX以CL计）	1.0
22	四氯化碳	0.03			

4.1.4   取样与监测。

4.1.4.1   水质取样在污水处理厂处理工艺末端排放口。在排放口应设污水水量自动计量装置、自动比例采样装置，pH、水温、COD 等主要水质指标应安装在线监测装置。

4.1.4.2   取样频率为至少每 2h 一次，取 24h 混合样，以日均值计。

4.1.4.3   监测分析方法按表 7 或国家环境保护总局认定的替代方法、等效方法执行。

4.2   大气污染物排放标准

4.2.1   标准分级。

根据城镇污水处理厂所在地区的大气环境质量要求和大气污染物治理技术和设施条件，将标准分为三级。

4.2.1.1   位于 GB 3095 一类区的所有（包括现有和新建、改建、扩建）城镇污水处理厂，自本标准实施之日起，执行一级标准。

4.2.1.2   位于 GB 3095 二类区和三类区的城镇污水处理厂，分别执行二级标准和三级标准。其中 2003 年 6 月 30 日之前建设（包括改、扩建）的城镇污水处理厂，实施标准的时间为 2006 年 1 月 1 日；2003 年 7 月 1 日起新建（包括改、扩建）的城镇污水处理厂，自本标准实施之日起开始执行。

4.2.1.3   新建（包括改、扩建）城镇污水处理厂周围应建设绿化带，并设有一定的防护距离，防护距离的大小由环境影响评价确定。

4.2.2   标准值。

城镇污水处理厂废气的排放标准值按附表 12-4 的规定执行。

附表12-4   厂界（防护带边缘）废气排放最高允许浓度

单位：mg/m³

序号	控制项目	一级标准	二级标准	三级标准
1	氨	1.0	1.5	4.0
2	硫化氢	0.03	0.06	0.32
3	臭气浓度（无量纲）	10	20	60

序号	控制项目	一级标准	二级标准	三级标准
4	甲烷（厂区最高体积浓度 / %）	0.5	1	1

4.2.3　取样与监测。

4.2.3.1　氨、硫化氢、臭气浓度监测点设于城镇污水处理厂厂界或防护带边缘的浓度最高点，甲烷监测点设于厂区内浓度最高点。

4.2.3.2　监测点的布置方法与采样方法按 GB 16297 中附录 C 和 HJ/T 55 的有关规定执行。

4.2.3.3　采样频率，每 2h 采样一次，共采集 4 次，取其最大测定值。

4.2.3.4　监测分析方法按附表 12-8 执行。

4.3　污泥控制标准

4.3.1　城镇污水处理厂的污泥应进行稳定化处理，稳定化处理后应达到附表 12-5 的规定。

附表12-5　污泥稳定化控制指标

稳定化方法	控制项目	控制指标
厌氧消化	有机物降解率（%）	>40
好氧消化	有机物降解率（%）	>40
好氧堆肥	含水率（%）	<65
	有机物降解率（%）	>50
	蠕虫卵死亡率（%）	>95
	粪大肠菌群菌值	>0.01

4.3.2　城镇污水处理厂的污泥应进行污泥脱水处理，脱水后污泥含水率应小于 80%。

4.3.3 处理后的污泥进行填埋处理时，应达到安全填埋的相关环境保护要求。

4.3.4 处理后的污泥农用时，其污染物含量应满足附表12-6的要求。其施用条件须符合 GB 4284 的有关规定。

附表12-6 污泥农用时污染物控制标准限值

序号	控制项目	最高允许含量（mg/kg 干污泥）	
		在酸性土壤上（pH<6.5）	在中性和碱性土壤上(pH ≥ 6.5)
1	总镉	5	20
2	总汞	5	15
3	总铅	300	1 000
4	总铬	600	1 000
5	总砷	75	75
6	总镍	100	200
7	总锌	2 000	3 000
8	总铜	800	1 500
9	硼	150	150
10	石油类	3 000	3 000
11	苯并 (a) 芘	3	3
12	多氯代二苯并二恶英 / 多氯代二苯并呋喃（PCDD/PCDF 单位：ng 毒性单位 /kg 干污泥）	100	100
13	可吸附有机卤化物（AOX）（以 Cl 计）	500	500
14	多氯联苯（PCB）	0.2	0.2

4.3.5　取样与监测。

4.3.5.1　取样方法，采用多点取样，样品应有代表性，样品重量不小于 1kg。

4.3.5.2　监测分析方法按附表 12-7 ～附表 12-9 执行。

4.4　城镇污水处理厂噪声控制按 GB 12348 执行

4.5　城镇污水处理厂的建设（包括改、扩建）时间以环境影响评价报告书批准的时间为准

5. 其他规定

城镇污水处理厂出水作为水资源用于农业、工业、市政、地下水回灌等方面不同用途时，还应达到相应的用水水质要求，不得对人体健康和生态环境造成不利影响。

6. 标准的实施与监督

本标准由县级以上人民政府环境保护行政主管部门负责监督实施。

省、自治区、直辖市人民政府对执行国家污染物排放标准不能达到本地区环境功能要求时，可以根据总量控制要求和环境影响评价结果制定严于本标准的地方污染物排放标准，并报国家环境保护行政主管部门备案。

附表12-7　水污染物监测分析方法

序号	控制项目	测定方法	测定下限（mg/L）	方法来源
1	化学需氧量（COD）	重铬酸盐法	30	GB 11914—89
2	生化需氧量（BOD）	稀释与接种法	2	GB 7488—87
3	悬浮物（SS）	重量法		GB 11901—89
4	动植物油	红外光度法	0.1	GB/T 16488—1996

序号	控制项目	测定方法	测定下限 （mg/L）	方法来源
5	石油类	红外光度法	0.1	GB/T 16488—1996
6	阴离子表面活性剂	亚甲蓝分光光度法	0.05	GB 7494—87
7	总氮	碱性过硫酸钾－消解紫外分光光度法	0.05	GB 11894—89
8	氨氮	蒸馏和滴定法	0.2	GB 7478—87
9	总磷	钼酸铵分光光度法	0.01	GB 11893—89
10	色度	稀释倍数法		GB 11903—89
11	pH 值	玻璃电极法		GB 6920—86
12	粪大肠菌群数	多管发酵法		1）
13	总汞	冷原子吸收分光光度法	0.000 1	GB 7468—87
		双硫腙分光光度法	0.002	GB 7469—87
14	烷基汞	气相色谱法	10 ng/L	GB/T 14204—93
15	总镉	原子吸收分光光度法（螯合萃取法）	0.001	GB 7475—87
		双硫腙分光光度法	0.001	GB 7471—87
16	总铬	高锰酸钾氧化－二苯碳酰二肼分光光度法	0.004	GB 7466—87
17	六价铬	二苯碳酰二肼分光光度法	0.004	GB 7467—87
18	总砷	二乙基二硫代氨基甲酸银分光光度法	0.007	GB 7485—87
19	总铅	原子吸收分光光度法（螯合萃取法）	0.01	GB 7475—87
		双硫腙分光光度法	0.01	GB 7470—87
20	总镍	火焰原子吸收分光光度法	0.05	GB 11912—89

序号	控制项目	测定方法	测定下限（mg/L）	方法来源
20	总镍	丁二酮肟分光光度法	0.25	GB 11910—89
21	总铍	活性炭吸附 – 铬天菁 S 光度法		1）
22	总银	火焰原子吸收分光光度法	0.03	GB 11907—89
		镉试剂 2B 分光光度法	0.01	GB 11908—89
23	总铜	原子吸收分光光度法	0.01	GB 7475—87
		二乙基二硫氨基甲酸钠分光光度法	0.01	GB 7474—87
24	总锌	原子吸收分光光度法	0.05	GB 7475—87
		双硫腙分光光度法	0.005	GB 7472—87
25	总锰	火焰原子吸收分光光度法	0.01	GB 11911—89
		高碘酸钾分光光度法	0.02	GB 11906—89
26	总硒	2,3 – 二氨基萘荧光法	0.25 μg/L	GB 11902—89
27	苯并（a）芘	高压液相色谱法	0.001 μg/L	GB 13198—91
		乙酰化滤纸层析荧光分光光度法	0.004 μg/L	GB 11895—89
28	挥发酚	蒸馏后 4– 氨基安替比林分光光度法	0.002	GB 7490—87
29	总氰化物	硝酸银滴定法	0.25	GB 7486—87
		异烟酸 – 吡唑啉酮比色法	0.004	GB 7486—87
		吡啶 – 巴比妥酸比色法	0.002	GB 7486—87
30	硫化物	亚甲基蓝分光光度法	0.005	GB/T 16489—1996
		直接显色分光光度法	0.004	GB/T 17133—1997
31	甲醛	乙酰丙酮分光光度法	0.05	GB 13197—91

序号	控制项目	测定方法	测定下限（mg/L）	方法来源
32	苯胺类	N –（1-萘基）乙二胺偶氮分光光度法	0.03	GB 11889—89
33	总硝基化合物	气相色谱法	5 μg/L	GB 4919—85
34	有机磷农药（以 P 计）	气相色谱法	0.5 μg/L	GB 13192—91
35	马拉硫磷	气相色谱法	0.64 μg/L	GB 13192—91
36	乐果	气相色谱法	0.57 μg/L	GB 13192—91
37	对硫磷	气相色谱法	0.54 μg/L	GB 13192—91
38	甲基对硫磷	气相色谱法	0.42 μg/L	GB 13192—91
39	五氯酚	气相色谱法	0.04 μg/L	GB 8972—88
		藏红 T 分光光度法	0.01	GB 9803—88
40	三氯甲烷	顶空气相色谱法	0.30 μg/L	GB/T 17130—1997
41	四氯化碳	顶空气相色谱法	0.05 μg/L	GB/T 17130—1997
42	三氯乙烯	顶空气相色谱法	0.50 μg/L	GB/T 17130—1997
43	四氯乙烯	顶空气相色谱法	0.2 μg/L	GB/T 17130—1997
44	苯	气相色谱法	0.05	GB 11890—89
45	甲苯	气相色谱法	0.05	GB 11890—89
46	邻 – 二甲苯	气相色谱法	0.05	GB 11890—89
47	对 – 二甲苯	气相色谱法	0.05	GB 11890—89
48	间 – 二甲苯	气相色谱法	0.05	GB 11890—89
49	乙苯	气相色谱法	0.05	GB 11890—89
50	氯苯	气相色谱法		HJ/T 74—2001

序号	控制项目	测定方法	测定下限（mg/L）	方法来源
51	1,4 二氯苯	气相色谱法	0.005	GB/T 17131—1997
52	1,2 二氯苯	气相色谱法	0.002	GB/T 17131—1997
53	对硝基氯苯	气相色谱法		GB 13194—91
54	2,4- 二硝基氯苯	气相色谱法		GB 13194—91
55	苯酚	液相色谱法	1.0 μg/L	1）
56	间 – 甲酚	液相色谱法	0.8 μg/L	1）
57	2,4- 二氯酚	液相色谱法	1.1 μg/L	1）
58	2,4,6- 三氯酚	液相色谱法	0.8 μg/L	1）
59	邻苯二甲酸二丁酯	气相、液相色谱法		HJ/T 72—2001
60	邻苯二甲酸二辛酯	气相、液相色谱法		HJ/T 72—2001
61	丙烯腈	气相色谱法		HJ/T 73—2001
62	可吸附有机卤化物	微库仑法	10 μg/L	GB/T 15959—1995
63	（AOX）（以 Cl 计）	离子色谱法		HJ/T 83—2001

注：暂采用下列方法，待国家方法标准发布后，执行国家标准。

1）《水和废水监测分析方法（第三版、第四版）》中国环境科学出版社。

附表12-8 大气污染物监测分析方法

序号	控制项目	测定方法	方法来源
1	氨	次氯酸钠 – 水杨酸分光光度法	GB/T 14679—93
2	硫化氢	气相色谱法	GB/T 14678—93

序号	控制项目	测定方法	方法来源
3	臭气浓度	三点比较式臭袋法	GB/T 14675—93
4	甲烷	气相色谱法	CJ/T 3037—95

附表12-9　污泥特性及污染物监测分析方法

序号	控制项目	测定方法	方法来源
1	污泥含水率	烘干法	1）
2	有机质	重铬酸钾法	1）
3	蠕虫卵死亡率	显微镜法	GB 7959—87
4	粪大肠菌群菌值	发酵法	GB 7959—87
5	总镉	石墨炉原子吸收分光光度法	GB/T 17141—1997
6	总汞	冷原子吸收分光光度法	GB/T 17136—1997
7	总铅	石墨炉原子吸收分光光度法	GB/T 17141—1997
8	总铬	火焰原子吸收分光光度法	GB/T 17137—1997
9	总砷	硼氢化钾－硝酸银分光光度法	GB/T 17135—1997
10	硼	姜黄素比色法	2）
11	矿物油	红外分光光度法	2）
12	苯并 (a) 芘	气相色谱法	2）
13	总铜	火焰原子吸收分光光度法	GB/T 17138—1997
14	总锌	火焰原子吸收分光光度法	GB/T 17138—1997
15	总镍	火焰原子吸收分光光度法	GB/T 17139—1997
16	多氯代二苯并二恶英/多氯代二苯并呋喃（PCDD/PCDF）	同位素稀释高分辨毛细管气相色谱/高分辨质谱法	HJ/T 77—2001
17	可吸附有机卤化物（AOX）		待定

序号	控制项目	测定方法	方法来源
18	多氯联苯（PCB）	气相色谱法	待定

注：暂采用下列方法，待国家方法标准发布后，执行国家标准。

1）《城镇垃圾农用监测分析方法》。

2）《农用污泥监测分析方法》。

附录 13   污水综合排放标准（GB 8978—1996）

为贯彻《中华人民共和国环境保护法》《中华人民共和国水污染防治法》和《中华人民共和国海洋环境保护法》，控制水污染，保护江河、湖泊、运河、渠道、水库和海洋等地面水以及地下水水质的良好状态，保障人体健康，维护生态平衡，促进国民经济和城乡建设的发展，特制定本标准。

1. 主题内容与适用范围

1.1　主题内容

本标准按照污水排放去向，分年限规定了 69 种水污染物最高允许排放浓度及部分行业最高允许排水量。

1.2　适用范围

本标准适用于现有单位水污染物的排放管理，以及建设项目的环境影响评价、建设项目环境保护设施设计、竣工验收及其投产后的排放管理。

按照国家综合排放标准与国家行业排放标准不交叉执行的原则，造纸工业执行 GB 3544—92《造纸工业水污染物排放标准》，船舶执行 GB 3552—83《船舶污染物排放标准》，船舶工业执行 GB 4286—84《船舶工业污染物排放标准》，海洋石油开发工业执行 GB 4914—85《海洋石油开发工业含油污水排放标准》，纺织染整工业执行 GB 4287—92《纺织染整工业水污染物排放标准》，肉类加工工业执行 GB 13457—92《肉类加工工业水污染物排放标准》，合成氨工业执行 GB 13458—92《合成氨工业水污染物排放标准》，钢铁工业执行 GB 13456—92《钢铁工业水污染物排放标准》，航天推进剂使用执行 GB 14374—93《航天推进剂水污染物排放标准》，兵器工业执行（GB 14470.1 ~ 14470.3—93）和（GB 4274 ~ 4279—84）《兵器工业水污染物排放标准》，磷肥工业执行 GB 15580—95《磷肥工业水污染物排放标准》，烧碱、聚氯乙烯工业执行 GB 15581—95《烧碱、聚氯乙烯工业水污染物排放标准》。其他水污染物排放均执行本标准。

1.3　执行范围

本标准颁布后，新增加国家行业水污染物排放标准的行业，按其适用范围执行相应的国家水污染物行业标准，不再执行本标准。

2.引用标准

下列标准所包含的条文，通过在本标准中引用而构成为本标准的条文。本标准出版时，所示版本均为有效。所有标准都会被修订，使用本标准的各方应探讨使用下列标准最新版本的可能性。

GB 3097—82　海水水质标准

GB 3838—88　地面水环境质量标准

GB 8703—88　辐射防护规定

3.定义

3.1　污水

指在生产与生活活动中排放的水的总称。

3.2　排水量

指在生产过程中直接用于工艺生产的水的排放量。不包括间接冷却水、厂区锅炉、电站排水。

3.3　一切排污单位

指本标准适用范围所包括的一切排污单位。

3.4　其他排污单位

指在某一控制项目中，除所列行业外的一切排污单位。

4.技术内容

4.1 标准分级

4.1.1 排入 GB 3838 Ⅲ类水域（划定的保护区和游泳区除外）和排入 GB 3097 中二类海域的污水，执行一级标准。

4.1.2 排入 GB 3838 中Ⅳ、Ⅴ类水域和排入 GB 3097 中三类海域的污水，执行二级标准。

4.1.3 排入设置二级污水处理厂的城镇排水系统的污水，执行三级标准。

4.1.4 排入未设置二级污水处理厂的城镇排水系统的污水，必须根据排水系统出水受纳水域的功能要求，分别执行 4.1.1 和 4.1.2 的规定。

4.1.5 GB 3838 中Ⅰ、Ⅱ类水域和Ⅲ类水域中划定的保护区和游泳区，GB 3097 中一类海域，禁止新建排污口，现有排污口应按水体功能要求，实行污染物总量控制，以保证受纳水体水质符合规定用途的水质标准。

4.2 标准值

4.2.1 本标准将排放的污染物按其性质及控制方式分为二类。

4.2.1.1 第一类污染物：不分行业和污水排放方式，也不分受纳水体的功能类别，一律在车间或车间处理设施排放口采样，其最高允许排放浓度必须达到本标准要求（采矿行业的尾矿坝出水口不得视为车间排放口）。

4.2.1.2 第二类污染物：在排污单位排放口采样，其最高允许排放浓度必须达到本标准要求。

4.2.2 本标准按年限规定了第一类污染物和第二类污染物最高允许排放浓度及部分行业最高允许排水量，分别为：

4.2.2.1 1997 年 12 月 31 日之前建设（包括改、扩建）的单位，水污染物的排放必须同时执行附表 13-1、附表 13-2、附表 13-3 的规定。

4.2.2.2 1998 年 1 月 1 日起建设（包括改扩建）的单位，水污染物的排放必须同时执行附表 13-1、附表 13-4、附表 13-5 的规定。

4.2.2.3 建设（包括改、扩建）单位的建设时间，以环境影响评价报告书（表）批准日期为准划分。

4.3　其他规定

4.3.1　同一排放口排放两种或两种以上不同类别的污水，且每种污水的排放标准又不同时，其混合污水的排放标准按附录 A 计算。

4.3.2　工业污水污染物的最高允许排放负荷量按附录 B 计算。

4.3.3　污染物最高允许年排放总量按附录 C 计算。

4.3.4　对于排放含有放射性物质的污水，除执行本标准外，还须符合 GB 8703—88《辐射防护规定》。

附表13-1　第一类污染物最高允许排放浓度

单位：mg/L

序　号	污染物	最高允许排放浓度
1	总汞	0.05
2	烷基汞	不得检出
3	总镉	0.1
4	总铬	1.5
5	六价铬	0.5
6	总砷	0.5
7	总铅	1.0
8	总镍	1.0
9	苯并 (a) 芘	0.000 03
10	总铍	0.005
11	总银	0.5
12	总 α 放射性	1 Bq/L
13	总 β 放射性	10 Bq/L

附表13-2 第二类污染物最高允许排放浓度

（1997 年 12 月 31 日之前建设的单位） 单位：mg/L

序号	污染物	适用范围	一级标准	二级标准	三级标准
1	pH	一切排污单位	6～9	6～9	6～9
2	色度（稀释倍数）	染料工业	50	180	—
		其他排污单位	50	80	—
3	悬浮物(SS)	采矿、选矿、选煤工业	100	300	
		脉金选矿	100	500	
		边远地区砂金选矿	100	800	
		城镇二级污水处理厂	20	30	
		其他排污单位	70	200	400
4	五日生化需氧量（BOD₅）	甘蔗制糖、苎麻脱胶、湿法纤维板工业	30	100	600
		甜菜制糖、酒精、味精、皮革、化纤浆粕工业	30	150	600
		城镇二级污水处理厂	20	30	—
		其他排污单位	30	60	300
5	化学需氧量（COD）	甜菜制糖、焦化、合成脂肪酸、湿法纤维板、染料、洗毛、有机磷农药工业	100	200	1 000
		味精、酒精、医药原料药、生物制药、苎麻脱胶、皮革、化纤浆粕工业	100	300	1 000
		石油化工工业（包括石油炼制）	100	150	500
		城镇二级污水处理厂	60	120	—
		其他排污单位	100	150	500
6	石油类	一切排污单位	10	10	30

序号	污染物	适用范围	一级标准	二级标准	三级标准
7	动植物油	一切排污单位	20	20	100
8	挥发酚	一切排污单位	0.5	0.5	2.0
9	总氰化合物	电影洗片（铁氰化合物）	0.5	5.0	5.0
		其他排污单位	0.5	0.5	1.0
10	硫化物	一切排污单位	1.0	1.0	2.0
11	氨氮	医药原料药、染料、石油化工工业	15	50	—
		其他排污单位	15	25	—
12	氟化物	黄磷工业	10	20	20
		低氟地区(水体含氟量 <0.5mg/L）	10	20	30
		其他排污单位	10	10	20
13	磷酸盐（以 P 计）	一切排污单位	0.5	1.0	—
14	甲醛	一切排污单位	1.0	2.0	5.0
15	苯胺类	一切排污单位	1.0	2.0	5.0
16	硝基苯类	一切排污单位	2.0	3.0	5.0
17	阴离子表面活性剂（LAS）	合成洗涤剂工业	5.0	15	20
		其他排污单位	5.0	10	20
18	总铜	一切排污单位	0.5	1.0	2.0
19	总锌	一切排污单位	2.0	5.0	5.0

序号	污染物	适用范围	一级标准	二级标准	三级标准
20	总锰	合成脂肪酸工业	2.0	5.0	5.0
		其他排污单位	2.0	2.0	5.0
21	彩色显影剂	电影洗片	2.0	3.0	5.0
22	显影剂及氧化物总量	电影洗片	3.0	6.0	6.0
23	元素磷	一切排污单位	0.1	0.3	0.3
24	有机磷农药（以P计）	一切排污单位	不得检出	0.5	0.5
25	粪大肠菌群数	医院*、兽医院及医疗机构含病原体污水	500个/L	1 000个/L	5 000个/L
		传染病、结核病医院污水	100个/L	500个/L	1 000个/L
26	总余氯（采用氯化消毒的医院污水）	医院*、兽医院及医疗机构含病原体污水	<0.5**	>3（接触时间≥1h）	>2（接触时间1h）
		传染病、结核病医院污水	<0.5**	>6.5（接触时间≥1.5h）	>5（接触时间≥1.5h）

注：* 指 50 个床位以上的医院。

** 加氯消毒后须进行脱氯处理，达到本标准。

附表13-3 部分行业最高允许排水量

（1997 年 12 月 31 日之前建设的单位）

序号	行业类别			最高允许排水量 或最低允许水重复利用率
1	矿山工业	有色金属系统选矿		水重复利用率 75%
		其他矿山工业采矿、选矿、选煤等		水重复利用率 90%（选煤）
		脉金选矿	重选	16.0m³/t(矿石)
			浮选	9.0m³/t(矿石)
			氰化	8.0m³/t(矿石)
			碳浆	8.0m³/t(矿石)
2	焦化企业 (煤气厂)			1.2m³/t(焦炭)
3	有色金属冶炼及金属加工			水重复利用率 80%
4	石油炼制工业 (不包括直排水炼油厂) 加工深度分类： 　A.燃料型炼油厂 　B.燃料 + 润滑油型炼油厂 　C.燃料 + 润滑油型 + 炼油化工型炼油厂 （包括加工高含硫原油页岩油和石油添加剂生产基地的炼油厂）			A>500 万 t，1.0m³/t(原油) 250 万～ 500 万 t，1.2m³/t(原油) <250 万 t，1.5m³/t(原油)
				B>500 万 t，1.5 m³/t(原油) 250 万～ 500 万 t，2.0 m³/t(原油) <250 万 t，2.0m³/t(原油)
				C>500 万 t，2.0m³/t(原油) 250 万～ 500 万 t，2.5m³/t(原油) <250 万 t，2.5m³/t(原油)
5	合成洗涤剂工业	氯化法生产烷基苯		200.0m³/t(烷基苯)
		裂解法生产烷基苯		70.0m³/t(烷基苯)
		烷基苯生产合成洗涤剂		10.0m³/t(产品)
6	合成脂肪酸工业			200.0m³/t(产品)
7	湿法生产纤维板工业			30.0m³/t(板)

序号	行业类别		最高允许排水量 或最低允许水重复利用率
8	制糖工业	甘蔗制糖	10.0m³/t（甘蔗）
		甜菜制糖	4.0m³/t（甜菜）
9	皮革工业	猪盐湿皮	60.0m³/t（原皮）
		牛干皮	100.0m³/t（原皮）
		羊干皮	150.0m³/t（原皮）
10	发酵、酿造工业	酒精工业　以玉米为原料	100.0m³/t（酒精）
		酒精工业　以薯类为原料	80.0m³/t（酒精）
		酒精工业　以糖蜜为原料	70.0m³/t（酒精）
		味精工业	600.0m³/t（味精）
		啤酒工业 （排水量不包括麦芽水部分）	16.0m³/t（啤酒）
11	铬盐工业		5.0m³/t（产品）
12	硫酸工业（水洗法）		15.0m³/t（硫酸）
13	苎麻脱胶工业		500m³/t（原麻） 或750m³/t（精干麻）
14	化纤浆粕		本色：150m³/t（浆） 漂白：240m³/t（浆）
15	粘胶纤维工业 （单纯纤维）	短纤维（棉型中长纤维、毛型中长纤维）	300m³/t（纤维）
		长纤维	800m³/t（纤维）

序号	行业类别	最高允许排水量 或最低允许水重复利用率
16	铁路货车洗刷	5.0m³/辆
17	电影洗片	5m³/1 000m（35mm 的胶片）
18	石油沥青工业	冷却池的水循环利用率 95%

附表13-4　第二类污染物最高允许排放浓度

（1998 年 1 月 1 日后建设的单位）　　　　单位：mg/L

序号	污染物	适用范围	一级标准	二级标准	三级标准
1	pH	一切排污单位	6～9	6～9	6～9
2	色度 （稀释倍数）	一切排污单位	50	80	—
3	悬浮物（SS）	采矿、选矿、选煤工业	70	300	—
		脉金选矿	70	400	—
		边远地区砂金选矿	70	800	—
		城镇二级污水处理厂	20	30	—
		其他排污单位	70	150	400
4	五日生化需氧量（BOD$_5$）	甘蔗制糖、苎麻脱胶、湿法纤维板、染料、洗毛工业	20	60	600
		甜菜制糖、酒精、味精、皮革、化纤浆粕工业	20	100	600
		城镇二级污水处理厂	20	30	—
		其他排污单位	20	30	300

序号	污染物	适用范围	一级标准	二级标准	三级标准
5	化学需氧量（COD）	甜菜制糖、合成脂肪酸、湿法纤维板、染料、选毛、有机磷农药工业	100	200	1 000
		味精、酒精、医药原料药、生物化工、苎麻脱胶、皮革、化纤浆粕工业	100	300	
5	化学需氧量（COD）	石油化工工业（包括石油炼制）	60	120	500
		城镇二级污水处理厂	60	120	—
		其他排污单位	100	150	500
6	石油类	一切排污单位	5	10	20
7	动植物油	一切排污单位	10	15	100
8	挥发酚	一切排污单位	0.5	0.5	2.0
9	总氰化合物	一切排污单位	0.5	0.5	1.0
10	硫化物	一切排污单位	1.0	1.0	1.0
11	氨氮	医药原料药、染料、石油化工工业	15	50	—
		其他排污单位	15	25	—
12	氟化物	黄磷工业	10	15	20
		低氟地区（水体含氟量 <0.5mg/L）	10	20	30
		其他排污单位	10	10	20
13	磷酸盐（以 P 计）	一切排污单位	0.5	1.0	—
14	甲醛	一切排污单位	1.0	2.0	5.0
15	苯胺类	一切排污单位	1.0	2.0	5.0
16	硝基苯类	一切排污单位	2.0	3.0	5.0

序号	污染物	适用范围	一级标准	二级标准	三级标准
17	阴离子表面活性剂（LAS）	一切排污单位	5.0	10	20
18	总铜	一切排污单位	0.5	1.0	2.0
19	总锌	一切排污单位	2.0	5.0	5.0
20	总锰	合成脂肪酸工业	2.0	5.0	5.0
		其他排污单位	2.0	2.0	5.0
21	彩色显影剂	电影洗片	1.0	2.0	3.0
22	显影剂及氧化物总量	电影洗片	3.0	3.0	6.0
23	元素磷	一切排污单位	0.1	0.1	0.3
24	有机磷农药（以 P 计）	一切排污单位	不	0.5	0.5
25	乐果	一切排污单位	不得检出	1.0	2.0
26	对硫磷	一切排污单位	不得检出	1.0	2.0
27	甲基对硫磷	一切排污单位	不得检出	1.0	2.0
28	马拉硫磷	一切排污单位	不得检出	5.0	10
29	五氯酚及五氯酚钠（以五氯酚计）	一切排污单位	5.0	8.0	10
30	可吸附有机卤化物（AOX）（以 Cl 计）	一切排污单位	1.0	5.0	8.0
31	三氯甲烷	一切排污单位	0.3	0.6	1.0

序号	污染物	适用范围	一级标准	二级标准	三级标准
32	四氯化碳	一切排污单位	0.03	0.06	0.5
33	三氯乙烯	一切排污单位	0.3	0.6	1.0
34	四氯乙烯	一切排污单位	0.1	0.2	0.5
35	苯	一切排污单位	0.1	0.2	0.5
36	甲苯	一切排污单位	0.1	0.2	0.5
37	乙苯	一切排污单位	0.4	0.6	1.0
38	邻－二甲苯	一切排污单位	0.4	0.6	1.0
39	对－二甲苯	一切排污单位	0.4	0.6	1.0
40	间－二甲苯	一切排污单位	0.4	0.6	1.0
41	氯苯	一切排污单位	0.2	0.4	1.0
42	邻－二氯苯	一切排污单位	0.4	0.6	1.0
43	对－二氯苯	一切排污单位	0.4	0.6	1.0
44	对－硝基氯苯	一切排污单位	0.5	1.0	5.0
45	2,4－二硝基氯苯	一切排污单位	0.5	1.0	5.0
46	苯酚	一切排污单位	0.3	0.4	1.0
47	间－甲酚	一切排污单位	0.1	0.2	0.5
48	2,4－二氯酚	一切排污单位	0.6	0.8	1.0
49	2,4,6－三氯酚	一切排污单位	0.6	0.8	1.0
50	邻苯二甲酸二丁脂	一切排污单位	0.2	0.4	2.0
51	邻苯二甲酸二辛脂	一切排污单位	0.3	0.6	2.0
52	丙烯腈	一切排污单位	2.0	5.0	5.0
53	总硒	一切排污单位	0.1	0.2	0.5

序号	污染物	适用范围	一级标准	二级标准	三级标准
54	粪大肠菌群数	医院*、兽医院及医疗机构含病原体污水	500个/L	1 000个/L	5 000个/L
		传染病、结核病医院污水	100个/L	500个/L	1 000个/L
55	总余氯（采用氯化消毒的医院污水）	医院*、兽医院及医院疗机构含病原体污水	<0.5**	>3（接触时间≥1h）	>2（接触时间≥1h）
		传染病、结核病医院污水	<0.5**	>6.5（接触时间≥1.5h）	>5（接触时间≥1.5h）
56	总有机碳（TOC）	合成脂肪酸工业	20	40	—
		苎麻脱胶工业	20	60	—
		其他排污单位	20	30	—

注：其他排污单位：指除在该控制项目中所列行业以外的一切排污单位。

* 指 50 个床位以上的医院。

** 加氯消毒后须进行脱氯处理，达到本标准。

附表13-5 部分行业最高允许排水量

（1998 年 1 月 1 日后建设的单位）

序号	行业类别			最高允许排水量或最低允许水重复利用率
1	矿山工业	有色金属系统选矿		水重复利用率 75%
		其他矿山工业采矿、选矿、选煤等		水重复利用率 90%（选煤）
		脉金选矿	重选	16.0m³/t（矿石）
			浮选	9.0 m³/t（矿石）
			氰化	8.0 m³/t（矿石）
			碳浆	8.0 m³/t（矿石）

序号	行业类别		最高允许排水量 或最低允许水重复利用率	
2	焦化企业（煤气厂）		1.2 m³/t（焦炭）	
3	有色金属冶炼及金属加工		水重复利用率80%	
4	石油炼制工业（不包括直排水炼油厂） 加工深度分类： 　A. 燃料型炼油厂 　B. 燃料＋润滑油型炼油厂 　C. 燃料＋润滑油型＋炼油化工型炼油厂（包括加工高含硫原油页岩油和石油添加剂生产基地的炼油厂）	A	>500万 t，1.0m³/t（原油） 250万～500万 t，1.2 m³/t（原油） <250万 t，1.5 m³/t（原油）	
		B	>500万 t，1.5 m³/t（原油） 250万～500万 t，2.0 m³/t（原油） <250万 t，2.0 m³/t（原油）	
		C	>500万 t，2.0 m³/t（原油） 250万～500万 t，2.5 m³/t（原油） <250万 t，2.5 m³/t（原油）	
5	合成洗涤剂工业	氯化法生产烷基苯	200.0 m³/t（烷基苯）	
		裂解法生产烷基苯	70.0m³/t（烷基苯）	
		烷基苯生产合成洗涤剂	10.0m³/t（产品）	
6	合成脂肪酸工业		200.0m³/t（产品）	
7	湿法生产纤维板工业		30.0m³/t（板）	
8	制糖工业	甘蔗制糖	10.0m³/t（甘蔗）	
		甜菜制糖	4.0m³/t（甜菜）	
9	皮革工业	猪盐湿皮	60.0m³/t（原皮）	
		牛干皮	100.0m³/t（原皮）	
		羊干皮	150.0 m³/t（原皮）	
10	发酵、酿造工业	酒精工业	以玉米为原料	100.0 m³/t（酒精）
			以薯类为原料	80.0 m³/t（酒精）
			以糖蜜为原料	70.0 m³/t（酒精）
10	发酵、酿造工业	味精工业	600.0 m³/t（味精）	
		啤酒行业 （排水量不包括麦芽水部分）	16.0 m³/t（啤酒）	
11	铬盐工业		5.0 m³/t（产品）	
12	硫酸工业（水洗法）		15.0 m³/t（硫酸）	

序号	行业类别		最高允许排水量 或最低允许水重复利用率
13	苎麻脱胶工业		500 m³/t（原麻）
			750 m³/t（精干麻）
14	粘胶纤维工业单纯纤维	短纤维 （棉型中长纤维、 毛型中长纤维）	300.0 m³/t（纤维）
		长纤维	800.0 m³/t（纤维）
15	化纤浆粕		本色：150 m³/t（浆）； 漂白：240 m³/t（浆）
16	制药工业医药原料药	青霉素	4 700 m³/t（青霉素）
		链霉素	1 450 m³/t（链霉素）
		土霉素	1 300 m³/t（土霉素）
		四环素	1 900 m³/t（四环素）
		洁霉素	9 200 m³/t（洁霉素）
		金霉素	3 000 m³/t（金霉素）
		庆大霉素	20 400 m³/t（庆大霉素）
		维生素 C	1 200 m³/t（维生素 C）
		氯霉素	2 700 m³/t（氯霉素）
		新诺明	2 000 m³/t（新诺明）
		维生素 B$_1$	3 400 m³/t（维生素 B$_1$）
		安乃近	180 m³/t（安乃近）
		非那西汀	750 m³/t（非那西汀）
		呋喃唑酮	2 400 m³/t（呋喃唑酮）
		咖啡因	1 200 m³/t（咖啡因）

序号	行业类别		最高允许排水量 或最低允许水重复利用率
17	有机磷农药工业 *	乐果 **	700 m³/t（产品）
		甲基对硫磷 （水相法）**	300 m³/t（产品）
		对硫磷 （P_2S_5 法）**	500 m³/t（产品）
		对硫磷 （$PSCl_3$ 法）**	550 m³/t（产品）
		敌敌畏 （敌百虫碱解法）	200 m³/t（产品）
		敌百虫	40 m³/t（产品） （不包括三氯乙醛生产废水）
		马拉硫磷	700 m³/t（产品）
18	除草剂工业 *	除草醚	5 m³/t（产品）
		五氯酚钠	2 m³/t（产品）
		五氯酚	4 m³/t（产品）
		2 甲 4 氯	14 m³/t（产品）
		2,4-D	4 m³/t（产品）
		丁草胺	4.5 m³/t（产品）
		绿麦隆 （以 Fe 粉还原）	2 m³/t（产品）
		绿麦隆 （以 Na_2S 还原）	3 m³/t（产品）
19	火力发电工业		3.5 m³/（MW·h）
20	铁路货车洗刷		5.0 m³/ 辆
21	电影洗片		5 m³/1 000 m（35 mm 胶片）
22	石油沥青工业		冷却池的水循环利用率 95%

注：* 产品按 100% 浓度计。

** 不包括 P_2S_5、$PSCl_3$、PCl_3 原料生产废水。

5. 监测

5.1　采样点

采样点应按 4.2.1.1 及 4.2.1.2 第一、第二类污染物排放口的规定设置，在排放口必须设置排放口标志、污水水量计量装置和污水比例采样装置。

5.2　采样频率

工业污水按生产周期确定监测频率。生产周期在 8 h 以内的，每 2 h 采样一次；生产周期大于 8 h 的，每 4 h 采样一次，其他污水采样，24 h 不少于 2 次。最高允许排放浓度按日均值计算。

5.3　排水量

以最高允许排水量或最低允许水重复利用率来控制，均以月均值计。

5.4　统计

企业的原材料使用量、产品产量等，以法定月报表或年报表为准。

5.5　测定方法

本标准采用的测定方法见附表 13-6。

附表13-6　测定方法

序号	项目	测定方法	方法来源
1	总汞	冷原子吸收光度法	GB 7468—87
2	烷基汞	气相色谱法	GB/T 14204—93
3	总镉	原子吸收分光光度法	GB 7475—87
4	总铬	高锰酸钾氧化-二苯碳酰二肼分光光度法	GB 7466—87
5	六价铬	二苯碳酰二肼分光光度法	GB 7467—87
6	总砷	二乙基二硫代氨基甲酸银分光光度法	GB 7485—87
7	总铅	原子吸收分光光度法	GB 7475—87
8	总镍	火焰原子吸收分光光度法	GB 11912—89
		丁二酮肟分光光度法	GB 19910—89

序号	项目	测定方法	方法来源
9	苯并（a）芘	乙酰化滤纸层析荧光分光光度法	GB 11895—89
10	总铍	活性炭吸附 – 铬天菁 S 光度法	1）
11	总银	火焰原子吸收分光光度法	GB 11907—89
12	总 α	物理法	2）
13	总 β	物理法	2）
14	pH 值	玻璃电极法	GB 6920—86
15	色度	稀释倍数法	GB 11903—89
16	悬浮物	重量法	GB 11901—89
17	生化需氧量（BOD$_5$）	稀释与接种法	GB 7488—87
		重铬酸钾紫外光度法	待颁布
18	化学需氧（COD）	重铬酸钾法	GB 11914—89
19	石油类	红外光度法	GB/T 16488—1996
20	动植物油	红外光度法	GB/T 16488—1996
21	挥发酚	蒸馏后用 4– 氨基安替比林分光光度法	GB 7490—87
22	总氰化物	硝酸银滴定法	GB 7486—87
23	硫化物	亚甲基蓝分光光度法	GB/T 16489—1996
24	氨氮	钠压试剂比色法	GB 7478—87
		蒸馏和滴定法	GB 7479—87
25	氟化物	离子选择电极法	GB 7484—87
26	磷酸盐	钼蓝比色法	1）
27	甲醛	乙酰丙酮分光光度法	GB 13197—91
28	苯胺类	N–（1– 萘基）乙二胺偶氮分光光度法	GB 11889—89
29	硝基苯类	还原 – 偶氮比色法或分光光度法	1）

序号	项目	测定方法	方法来源
30	阴离子表面活性剂	亚甲蓝分光光度法	GB 7494—87
31	总铜	原子吸收分光光度法	GB 7475—87
		二乙基二硫化氨基甲酸钠分光光度法	GB 7474—87
32	总锌	原子吸收分光光度法	GB 7475—87
		双硫腙分光光度法	GB 7472—87
33	总锰	火焰原子吸收分光光度法	GB 11911—89
		高碘酸钾分光光度法	GB 11906—89
34	彩色显影剂	169 成色剂法	3）
35	显影剂及氧化物总量	碘–淀粉比色法	3）
36	元素磷	磷钼蓝比色法	3）
37	有机磷农药（以 P 计）	有机磷农药的测定	GB 13192—91
38	乐果	气相色谱法	GB 13192—91
39	对硫磷	气相色谱法	GB 13192—91
40	甲基对硫磷	气相色谱法	GB 13192—91
41	马拉硫磷	气相色谱法	GB 13192—91
42	五氯酚及五氯酚钠（以五氯酚计）	气相色谱法	GB 8972—88
		藏红 T 分光光度法	GB 9803—88
43	可吸附有机卤化物（AOX）（以 Cl 计）	微库仑法	GB/T 15959—95
44	三氯甲烷	气相色谱法	待颁布
45	四氯化碳	气相色谱法	待颁布
46	三氯乙烯	气相色谱法	待颁布

序号	项目	测定方法	方法来源
47	四氯乙烯	气相色谱法	待颁布
48	苯	气相色谱法	GB 11890—89
49	甲苯	气相色谱法	GB 11890—89
50	乙苯	气相色谱法	GB 11890—89
51	邻－二甲苯	气相色谱法	GB 11890—89
52	对－二甲苯	气相色谱法	GB 11890—89
53	间－二甲苯	气相色谱法	GB 11890—89
54	氯苯	气相色谱法	待颁布
55	邻－二氯苯	气相色谱法	待颁布
56	对－二氯苯	气相色谱法	待颁布
57	对－硝基氯苯	气相色谱法	GB 13194—91
58	2，4-二硝基氯苯	气相色谱法	GB 13194—91
59	苯酚	气相色谱法	待颁布
60	间－甲酚	气相色谱法	待颁布
61	2，4-二氯酚	气相色谱法	待颁布
62	2，4，6-三氯酚	气相色谱法	待颁布
63	邻苯二甲酸二丁酯	气相、液相色谱法	待制定
64	邻苯二甲酸二辛酯	气相、液相色谱法	待制定

序号	项目	测定方法	方法来源
65	丙烯腈	气相色谱法	待制定
66	总硒	2,3-二氨基萘荧光法	GB 11902—89
67	粪大肠菌群数	多管发酵法	1）
68	余氯量	N,N-二乙基-1,4-苯二胺分光光度法	GB 11898—89
		N,N-二乙基-1,4-苯二胺滴定法	GB 11897—89
69	总有机碳 (TOC)	非色散红外吸收法	待制定
		直接紫外荧光法	待制定

注：暂采用下列方法，待国家方法标准发布后，执行国家标准。

1）《水和废水监测分析方法（第三版）》，中国环境科学出版社，1989年。

2）《环境监测技术规范（放射性部分）》，国家环境保护局。

3）详见附录 D。

6.标准实施监督

6.1　本标准由县级以上人民政府环境保护行政主管部门负责监督实施。

6.2　省、自治区、直辖市人民政府对执行国家水污染物排放标准不能保证达到水环境功能要求时，可以制定严于国家水污染物排放标准的地方水污染物排放标准，并报国家环境保护行政主管部门备案。

标准的附录 A

关于排放单位在同一个排污口排放两种或两种以上工业污水，且每种工业污水中同一污染物的排放标准又不同时，可采用如下方法计算混合排放时该污染物的最高允许排放浓度（$C_{混合}$）。

$$\left(C_{混合}\right)=\frac{\sum_{i=1}^{n}C_iQ_iY_i}{\sum_{i=1}^{n}Q_iY_i}$$ （附 13-A-1）

式中：$C_{混合}$——混合污水某污染物最高允许排放浓度，mg/L；

  C_i——不同工业污水某污染物最高允许排放浓度，mg/L；

  Q_i——不同工业的最高允许排水量，m³/t(产品)；

（本标准未作规定的行业，其最高允许排水量由地方环保部门与有关部门协商确定）

  Y_i——分别为某种工业产品产量（t/d，以月平均计）。

标准的附录 B

工业污水污染物最高允许排放负荷计算：

$$L_负=C\times Q\times10^{-3}$$ （附 13-B-1）

式中：$L_负$——工业污水污染物最高允许排放负荷，kg/t(产品)；

  C——某污染物最高允许排放浓度，mg/L；

  Q——某工业的最高允许排水量，m³/t(产品)。

标准的附录 C

某污染物最高允许年排放总量的计算：

$$L_总=L_负\times Y\times10^{-3}$$ （附 13-C-1）

式中：L——最高允许年排放量，t/a；

  $L_负$——某污染物最高允许排放负荷，kg/t(产品)；

  Y——核定的产品年产量，t（产品）/a。

标准的附录 D

D1 彩色显影剂总量的测定——169 成色剂法

洗片的综合废水中存在的彩色显影剂很难检测出来，国内外介绍的方法一般都仅适用于显影水洗水中的显影剂检测。本方法可以快速地测出综合废水中的彩色显影剂。当废水中同时存在多种彩色显影剂时，用此法测出的量是多种彩色显影剂的总量。

D1.1　原理

电影洗片废水中的彩色显影剂可被氧化剂氧化，其氧化物在碱性溶液中遇到水溶性成色剂时，立即偶合形成染料。不同结构的显影剂（TSS，CD-2，CD-3）与 169 成色剂偶合成染料时，其最大吸收光谱波长均在 550 nm 处，并在 0 ~ 10 mg/L 范围内符合比耳定律。

以 TSS 为例，反应如下：

（TSS）　　　　（169成色剂）　　　　（品红染料）

D1.2　仪器及设备

721 型或类似型号分光光度计及 1cm 比色槽

50 mL、100 mL 及 1 000 mL 的容量瓶

D1.3　试剂

D1.3.1　0.5% 成色剂：称取 0.5 g 169 成色剂置于有 100 mL 蒸馏水的烧杯中。在搅拌下加入 1 ~ 2 粒氢氧化钠，使其完全溶解。

D1.3.2　混合氧化剂溶液：将 $CuSO_4 \cdot 5H_2O$ 0.5 g，Na_2CO_3 5.0 g，$NaNO_2$ 5.0 g 以及 NH_4Cl 5.0 g 依次溶解于 100 mL 蒸馏水中。

D1.3.3　标准溶液：精确称取照相级的彩色显影剂（生产中使用最多的一种）100 mg，溶解于少量蒸馏水中。其已溶入 100 mg Na_2CO_3 作保护剂，移入 1 L 容量瓶中，并加蒸馏水至刻度。此标准溶液相当 0.1 mg/mL，必须在使用前配制。

D1.4 步骤

D1.4.1 标准曲线的制作

在 6 个 50 mL 容量瓶中，分别加入以下不同量的显影剂标准液（附表 13-7）。

附表13-7 不同显影剂含量标准溶液配置表

编号	加入标准液的毫升数	相当显影剂含量（mg/L）
0	0	0
1	1	2
2	2	4
3	3	6
4	4	8
5	5	10

以上 6 个容量瓶中皆加入 1 mL 成色剂溶液，并用蒸馏水加至刻度。分别加入 1 mL 混合氧化剂溶液，摇匀。在 5 min 内在分光光度计 550 nm 处测定其不同试样生成染料的光密度（以编号 0 为零），绘制不同显影剂含量的相应光密度曲线。横坐标为 2 mg/L，4 mg/L，6 mg/L，8 mg/L，10 mg/L。

D1.4.2 水样的测定

取 2 份水样（一般为 20mL）分别置于两个 50mL 的容量瓶中。一个为测定水样，另一个为空白试验。在前者测定水样中加 1mL 成色剂溶液。然后分别在两个瓶中加蒸馏水至刻度，其他步骤同标准曲线的制作。以空白液为零，测出水样的光密度，在标准曲线中查出相应的浓度。

D1.5 计算

$$\text{从标准曲线中查出的浓度} \times \frac{50}{a} = \text{废水中彩色显影剂的总量（mg/L）}$$

（附 13-D-1）

式中：a——为废水取样的 mL 数。

D1.6　注意事项

D1.6.1　生成的品红染料在 8min 之内光密度是稳定的，故宜在染料生成后 5min 之内测定。

D1.6.2　本方法不包括黑白显影剂。

D2　显影剂及其氧化物总量的测定方法

电影洗印废水中存在不同量的赤血盐漂白液，将排放的显影剂部分或全部氧化，因此废水中一种情况是存在显影剂及其氧化物，另一种情况是只存在大量的氧化物而无显影剂。本方法测出的结果在第一种情况下是废水中显影剂及氧化物的总量，在第二种情况下是废水中原有显影剂氧化物的含量。

D2.1　原理

通常使用的显影剂，大都具有对苯二酚、对氨基酚、对苯二胺类的结构。经氧化水解后都能得到对苯二醌。利用溴或氯溴将显影剂氧化成显影剂氧化物，再用碘量法进行碘—淀粉比色法测定。

以米吐尔为例：

醌是较强的氧化剂。在酸性溶液中，碘离子定量还原对苯二醌为对苯二酚。所释出的当量碘，可用淀粉发生蓝色进行比色测定。

D2.2　仪器和设备

721 或类似型号分光光度计及 2 cm 比色槽，恒温水浴锅，50 mL 容量瓶，2 mL、5 mL 及 10 mL 刻度吸管。

D2.3　试剂

D2.3.1　0.1N 溴酸钾 – 溴化钾溶液：称取 2.8 g 溴酸钾和 4.0 g 溴化钾，用蒸馏水稀释至 1L。

D2.3.2　1：1 磷酸：磷酸加一倍蒸馏水。

D2.3.3　饱和氯化钠溶液：称取 40g 氯化钠，溶于 100 mL 蒸馏水中。

D2.3.4　20% 溴化钾溶液：称取 20g 溴化钾，溶于 100 mL 蒸馏水中。

D2.3.5　5% 苯酚溶液：取苯酚 5 mL，溶于 100 mL 蒸馏水中。

D2.3.6　5% 碘化钾溶液：称取 5 g 碘化钾，溶于 100 mL 蒸馏水中。（用时配制，放暗处）。

D2.3.7　0.2% 淀粉溶液：称 1g 可溶性淀粉，加少量水搅匀，注入沸腾的 500mL 水中，继续煮沸 5min。夏季可加水杨酸 0.2g。

D2.3.8　配制标准液：准确称取对苯二酚（分子量为 110.11 g）0.276 g，如果是照相级米吐尔（分子量为 344.40 g）可称取 0.861 g，照相级 TSS（分子量为 262.33 g）可称取 0.656 g，（或根据所使用药品的分子量及纯度另行计算），溶于 25 mL 的 6NHCl 中，移入 250 mL 容量瓶中，用蒸馏水加至刻度。此溶液浓度为 0.010 0 M。

D2.4　步骤

D2.4.1　标准曲线的制作

D2.4.1.1　取标准液 25mL，加蒸馏水稀释至 1 000 mL，此液浓度为 0.000 25 M，即每毫升含对苯二酚 0.25 μmol（甲液）。

D2.4.1.2　取甲液 25mL 用蒸馏水稀释至 250mL，此溶液浓度为 0.000 025M，即每毫升含对苯二酚 0.025 μmol（乙液）。

D2.4.1.3　取 6 个 50 mL 容量瓶，分别加入标准稀释液（乙液）0 μmol；0.1 μmol；0.2 μmol；0.3 μmol；0.4 μmol；0.5 μmol 对苯二酚（即 4.0 mL；8.0 mL；12.0 mL；16.0 mL；20.0 mL 乙液），加入适量蒸馏水，使各容量瓶中大约为 20 mL 溶液。

D2.4.1.4 用刻度吸管加入 1∶1 磷酸 2 mL。

D2.4.1.5 用吸管取饱和氯化钠溶液 5 mL。

D2.4.1.6 用吸管取 0.1N 溴酸钾 - 溴化钾溶液 2 mL，尽可能不要沾在瓶壁上。用极少量的水冲洗瓶壁并摇匀。溶液应是氯溴的浅黄色。放入 35℃恒温水浴锅内，放置 15min。

D2.4.1.7 吸取 20% 溴化钾溶液 2 mL，沿瓶壁周围加入容量瓶中。摇匀后放在 35℃水浴中 5～10 min。

D2.4.1.8 用滴管快速加入 5% 苯酚溶液 1 mL，立即摇匀，使溴的颜色退去（如慢慢加入则易生成自色沉淀，无法比色）。

D2.4.1.9 降温：放自来水中降温 3 min。

D2.4.1.10 用吸管加入新配制的 5% 碘化钾溶液 2 mL，冲洗瓶壁；放入暗柜 5min。

D2.4.1.11 吸取 0.2% 淀粉指示剂 10 mL，加入容量瓶中，用蒸馏水加至刻度，加盖摇匀后，放暗柜中 20 min。

D2.4.1.12 将发色试液分别放入 2 cm 比色槽中，在分光光度计 570 nm 处，以试剂空白为零，分别测出 5 个溶液的光密度，并绘制出标准曲线。横坐标为 0.1、0.2、0.3、0.4、0.5 μmol/50 mL。

D2.4.2 水样的测定

取水样适量（约 1～10 mL）放入 50 mL 容量瓶中，并加蒸馏水至 20 mL 左右，于另一个 50 mL 容量瓶中加 20 mL 蒸馏水作试剂空白。以下按步骤 D2.4.1.4～D2.4.1.12 进行，测出水样的光密度，在曲线上查出 50 mL 中所含微克分子数。

D2.4.3 需排除干扰的水样测定

当水样中含有六价铬离子而影响测定时，可用 $NaNO_2$ 将 Cr^{6+} 还原成 Cr^{3+}，用过量的尿素去除多余的 $NaNO_2$ 对本实验的干扰，即可达到消除铬干扰的目的。

准确取适量的水样（1～10 mL），放入 50mL 容量瓶中，加入蒸馏水至 20 mL 左右，加入 1∶1 磷酸 2 mL，再加入 3 滴 10%$NaNO_2$，充分振荡，放入 35℃恒温水浴中 15 min。再加入 20% 尿素 2 mL，充分振荡，放入 35℃水浴中 10 min。以下操作按步骤 D2.4.1.5 ～ D2.4.1.12 进行，测出光密度，在曲线上查出 50mL 中所含微克分子数。

D2.5　计算

水样中显影剂及氧化物总量 C（以对苯二酚计）按式（D2）计算：

$$C(mg/L) = \frac{50mL中微摩尔数×110}{取样体积(mL)} ×1000 \qquad （附13-D-2）$$

D2.6　注意事项

D2.6.1　本试验步骤多，时间长，因此要求操作仔细认真。

D2.6.2　所用玻璃器皿必须用清洁液洗净。

D2.6.3　水浴温度要准确在 35℃ ±1℃，每个步骤反应时间要准确控制。

D2.6.4　加入溴酸钾 - 溴化钾后，必须用蒸馏水冲洗容量瓶壁，否则残留的溴酸钾与碘化钾作用生成碘，使光密度增加。

D2.6.5　在无铬离子的废水中，水样可不必处理，直接进行测定。

D2.6.6　水样如太浓，则预先稀释再进行测定。

D3　元素磷的测定——磷钼蓝比色法

D3.1　原理

元素磷经苯萃取后氧化形成的钼磷酸为氯化亚锡还原成蓝色铬合物。灵敏度比钒钼磷酸比色法高，并且易于富集，富集后能提高元素磷含量小于 0.1 mg/L 时检测的可靠性，并减少干扰。

水样中含砷化物、硅化物和硫化物的量分别为元素磷含量的 100 倍、200 倍和 300 倍时，对本方法无明显干扰。

D3.2　仪器和试剂

D3.2.1　仪器：分光光度计：3 cm 比色皿。

D3.2.2　比色管：50 mL。

D3.2.3　分液漏斗：60、125、250 mL。

D3.2.4　磨口锥形瓶：250 mL。

D3.2.5　试剂：以下试剂均为分析纯：苯、高氯酸、溴酸钾、溴化钾、甘油、氯化亚锡、钼酸铵、磷酸二氢钾、乙酸丁酯、硫酸、硝酸、无水乙醇、酚酞指示剂。

D3.3　溶液的配制

D3.3.1　磷酸二氢钾标准溶液：准确称取 0.439 4 g 干燥过的磷酸二氢钾，溶于少量水中，移入 1 000 mL 容量瓶中，定容。此溶液 PO_4^{3-} –P 含量为 0.1 mg/mL。取 10mL 上述溶液于 1 000 mL 容量瓶中，定容，得到 PO_4^{3-} –P 含量为 1 μg/mL 的磷酸二氢钾标准溶液。

D3.3.2　溴酸钾 – 溴化钾溶液：溶解 10g 溴酸钾和 8g 溴化钾于 400mL 水中。

D3.3.3　2.5% 钼酸铵溶液：称取 2.5 g 钼酸铵，加 1 ∶ 1 硫酸溶液 70 mL，待钼酸铵溶解后再加入 30 mL 水。

D3.3.4　2.5% 氯化亚锡甘油溶液：溶解 2.5 g 氯化亚锡于 100 mL 于甘油中（可在水浴中加热，促进溶解）。

D3.3.5　5% 钼酸铵溶液：溶解 12.5g 钼酸铵于 150 mL 水中，溶解后将此液缓慢地倒入 100mL1 ∶ 5 的硝酸溶液中。

D3.3.6　1% 氯化亚锡溶液：溶解 1 g 氯化亚锡于 15 mL 盐酸中，加入 85mL 水及 1.5g 抗坏血酸。（可保存 4 ～ 5 天）。

D3.3.7　1 ∶ 1 硫酸溶液、1 ∶ 5 硝酸溶液、20% 氢氧化钾溶液。

D3.4　测定步骤

D3.4.1　废水中元素磷含量大于 0.05 mg/L 时，采取水相直接比色，按下列规定操作。

D3.4.1.1　水样预处理。a）萃取：移取 10 ～ l00 mL 水样于盛有 25 mL 苯的 125 mL 或 250 mL 的分液漏斗中，振荡 5 min 后静置分层。将水相移入另一盛有 15 mL 苯的分液漏斗中，振荡 2 min 后静置，弃去水相，将苯相并入第一支分液漏斗中。加入 15 mL 水，振荡 1 min 后静置，弃去水相，苯相重复操作水洗 6 次。b）氧化：在苯相中加入 10 ～ 15 mL 溴酸钾 – 溴化钾溶液，2 mL 1 ∶ 1 硫酸溶液振荡 5 min，静置 2 min 后加入 2 mL 高氯酸，再振荡 5 min，移入 250 mL 锥形瓶内，在电热板上缓缓加热以驱赶过量高氯酸和除溴（勿使样品溅出或蒸干），至白烟减少时，取下冷却。加入少量水及 1 滴酚酞指示剂，用 20% 氢氧化钠溶液中和至呈粉红色，加 1 滴 1 ∶ 1 硫酸溶液至粉红色消失，移入容量瓶中，用蒸馏水稀释至刻度（据元素磷的含量确定稀释体积）。

D3.4.1.2   比色。移取适量上述的稀释液于 50 mL 比色管中，加 2 mL 2.5% 钼酸铵溶液及 6 滴 2.5% 氯化亚锡甘油溶液，加水稀释至刻度，混匀，于 20 ~ 30℃ 放置 20 ~ 30 min，倾入 3 cm 比色皿中，在分光光度计 690 nm 波长处，以试剂空白为零，测光密度。

D3.4.1.3   直接比色工作曲线的绘制。a）移取适量的磷酸二氢钾标准溶液，使 PO_4^{3-} –P 的含量分别为 0、1、3、5、7……17 µg 于 50mL 比色管中，测光密度。b）以 PO_4^{3-} –P 含量为横坐标，光密度为纵坐标，绘制直接比色工作曲线。

D3.4.2   废水中元素磷含量小于 0.05 mg/L 时，采用有机相萃取比色。按下列规定操作：

D3.4.2.1   水样预处理。萃取比色：移取适量的氧化稀释液于 60mL 分液漏斗已含有 3 mL 的 1：5 硝酸溶液中，加入 7 mL 15% 钼酸铵溶液和 10 mL 乙酸丁酯，振荡 1 min，弃去水相，向有机相加 2 mL 1% 氯化亚锡溶液，摇匀，再加入 1 mL 无水乙醇，轻轻转动分液漏斗，使水珠下降，放尽水相，将有机相倾入 3cm 比色皿中，在分光光度计 630 或 720 nm 波长处，以试剂空白为零测光密度。

D3.4.2.2   有机相萃取比色工作曲线的绘制。a）移取适量的磷酸二氢钾标准溶液，使 PO_4^{3-} –P 含量分别为 1、2、3、4、5 µg 于 60 mL 分液漏斗中，加入少量的水，以下按上节萃取比色步骤进行。b）以 PO_4^{3-} –P 含量为横坐标，光密度为纵坐标，绘制有机相萃取比色工作曲线。

D3.5   计算

用式（附 13–D–3）计算直接比色和有机相萃取比色测得 1L 废水中元素磷的毫克数。

$$P = \frac{G}{\dfrac{V_1}{V_2} \times V_3} \qquad （附 13–D–3）$$

式中：G——从工作曲线查得元素磷量，µg；

V_1——取废水水样体积，mL；

V_2——废水水样氧化后稀释体积，mL；

V_3——比色时取稀释液的体积，mL。

D3.6　精确度

平行测定两个结果的差数，不应超过较小结果的 10%。

取平行测定两个结果的算术平均值作为样品中元素磷的含量，测定结果取两位有效数字。

D3.7　样品保存

采样后调节水样 pH 值为 6～7，可于塑料瓶或玻璃瓶贮存 48 h。

附录 14　地表水环境质量标准（GB 3838—2002）

地表水环境质量标准

1. 范围

1.1　本标准按照地表水环境功能分类和保护目标，规定了水环境质量应控制的项目及限值，以及水质评价、水质项目的分析方法和标准的实施与监督。

1.2　本标准适用于中华人民共和国领域内江河、湖泊、运河、渠道、水库等具有使用功能的地表水水域。具有特定功能的水域，执行相应的专业用水水质标准。

2. 引用标准

《生活饮用水卫生规范》（卫生部，2001 年）和本标准表 4～表 6 所列分析方法标准及规范中所含条文在本标准中被引用即构成为本标准条文，与本标准同效。当上述标准和规范被修订时，应使用其最新版本。

3. 水域功能和标准分类

依据地表水水域环境功能和保护目标，按功能高低依次划分为五类；

Ⅰ类主要适用于源头水、国家自然保护区；

Ⅱ类主要适用于集中式生活饮用水地表水源地一级保护区、珍稀水生生物栖息地、鱼虾类产卵场、仔稚幼鱼的索饵场等；

Ⅲ类主要适用于集中式生活饮用水地表水源地二级保护区、鱼虾类越冬场、洄游通道、水产养殖区等渔业水域及游泳区；

Ⅳ类主要适用于一般工业用水区及人体非直接接触的娱乐用水区；

Ⅴ类主要适用于农业用水区及一般景观要求水域。

对应地表水上述五类水域功能，将地表水环境质量标准基本项目标准值分为五类，不同功能类别分别执行相应类别的标准值。水域功能类别高的标准值严于水域功能类别低的标准值。同一水域兼有多类使用功能的，执行最高功能类别对应的标准值。实现水域功能与达功能类别标准为同一含义。

4. 标准值

4.1　地表水环境质量标准基本项目标准限值见附表 14-1。

4.2　集中式生活饮用水地表水源地补充项目标准限值见附表 14-2。

4.3　集中式生活饮用水地表水源地特定项目标准限值见附表 14-3。

5. 水质评价

5.1　地表水环境质量评价应根据应实现的水域功能类别，选取相应类别标准，进行单因子评价，评价结果应说明水质达标情况，超标的应说明超标项目和超标倍数。

5.2　丰、平、枯水期特征明显的水域，应分水期进行水质评价。

5.3　集中式生活饮用水地表水源地水质评价的项目应包括附表 14-1中的基本项目。附表 14-2 中的补充项目以及由县级以上人民政府环境保护行政主管部门从附表 14-3 中选择确定的特定项目。

6. 水质监测

6.1　本标准规定的项目标准值，要求水样采集后自然沉降 30 min，取上层非沉降部分按规定方法进行分析。

6.2　地表水水质监测的采样布点、监测频率应符合国家地表水环境监测技术规范的要求。

6.3　本标准水质项目的分析方法应优先选用附表 14-4 ～附表 14-6 规定的方法，也可采用 ISO 方法体系等其他等效分析方法，但须进行适用性检验。

7. 标准的实施与监督

7.1　本标准由县级以上人民政府环境保护行政主管部门及相关部门按职责分工监督实施。

7.2　集中式生活饮用水地表水源地水质超标项目经自来水厂净化处理后，必须达到《生活饮用水卫生规范》的要求。

7.3　省、自治区、直辖市人民政府可以对本标准中未作规定的项目，制定地方补充标准，并报国务院环境保护行政主管部门备案。

附表14-1　地表水环境质量标准基本项目标准限值

单位：mg/L

序号	项目	Ⅰ类	Ⅱ类	Ⅲ类	Ⅳ类	Ⅴ类
1	水温（℃）	人为造成的环境水温变化应限制在：周平均最大温升≤1　周平均最大温降≤2				
2	pH 值（无量纲）	6～9				
3	溶解氧≥	饱和率90%（或7.5）	6	5	3	2
4	高锰酸盐指数≤	2	4	6	10	15
5	化学需氧量（COD）≤	15	15	20	30	40
6	五日生化需氧量（BOD_5）≤	3	3	4	6	10
7	氨氮（NH_3-N）≤	0.15	0.5	1.0	1.5	2.0
8	总磷（以P计）≤	0.02（湖、库0.01）	0.1（湖、库0.025）	0.2（湖、库0.05）	0.3（湖、库0.1）	0.4（湖、库0.2）
9	总氮（湖、库，以N计）≤	0.2	0.5	1.0	1.5	2.0

序号	项目	I类	II类	III类	IV类	V类
10	铜≤	0.01	1.0	1.0	1.0	1.0
11	锌≤	0.05	1.0	1.0	2.0	2.0
12	氟化物（以F⁻计）≤	1.0	1.0	1.0	1.5	1.5
13	硒≤	0.01	0.01	0.01	0.02	0.02
14	砷≤	0.05	0.05	0.05	0.1	0.1
15	汞≤	0.000 05	0.000 05	0.000 1	0.001	0.001
16	镉≤	0.001	0.005	0.005	0.005	0.01
17	铬（六价）≤	0.01	0.05	0.05	0.05	0.1
18	铅≤	0.01	0.01	0.05	0.05	0.1
19	氰化物≤	0.005	0.05	0.2	0.2	0.2
20	挥发酚≤	0.002	0.002	0.005	0.01	0.1
21	石油类≤	0.05	0.05	0.05	0.5	1.0
22	阴离子表面活性剂≤	0.2	0.2	0.2	0.3	0.3
23	硫化物≤	0.05	0.1	0.2	0.5	1.0
24	粪大肠菌群（个／L）≤	200	2000	10 000	20 000	40 000

附表14-2　集中式生活饮用水地表水源地补充项目标准限值

单位：mg/L

序号	项目	标准值
1	硫酸盐（以SO_4^{2-}计）	250

续表

序号	项目	标准值
2	氯化物（以 Cl⁻ 计）	250
3	硝酸盐（以 N 计）	10
4	铁	0.3
5	锰	0.1

附表14-3　集中式生活饮用水地表水源地特定项目标准限值

单位：mg/L

序号	项目	标准值	序号	项目	标准值
1	三氯甲烷	0.06	17	丙烯醛	0.1
2	四氯化碳	0.002	18	三氯乙醛	0.01
3	三溴甲烷	0.1	19	苯	0.01
4	二氯甲烷	0.02	20	甲苯	0.7
5	1, 2- 二氯乙烷	0.03	21	乙苯	0.3
6	环氧氯丙烷	0.02	22	二甲苯①	0.5
7	氯乙烯	0.005	23	异丙苯	0.25
8	1, 1- 二氯乙烯	0.03	24	氯苯	0.3
9	1, 2- 二氯乙烯	0.05	25	1, 2- 二氯苯	1.0
10	三氯乙烯	0.07	26	1, 4- 二氯苯	0.3
11	四氯乙烯	0.04	27	三氯苯②	0.02
12	氯丁二烯	0.002	28	四氯苯③	0.02
13	六氯丁二烯	0.000 6	29	六氯苯	0.05
14	苯乙烯	0.02	30	硝基苯	0.017
15	甲醛	0.9	31	二硝基苯④	0.5
16	乙醛	0.05	32	2, 4- 二硝基甲苯	0.0003

序号	项目	标准值	序号	项目	标准值
33	2,4,6-三硝基甲苯	0.5	56	甲基对硫磷	0.002
34	硝基氯苯⑤	0.05	57	马拉硫磷	0.05
35	2,4-二硝基氯苯	0.5	58	乐果	0.08
36	2,4-二氯苯酚	0.093	59	敌敌畏	0.05
37	2,4,6-三氯苯酚	0.2	60	敌百虫	0.05
38	五氯酚	0.009	61	内吸磷	0.03
39	苯胺	0.1	62	百菌清	0.01
40	联苯胺	0.0002	63	甲萘威	0.05
41	丙烯酰胺	0.0005	64	溴氰菊酯	0.02
42	丙烯腈	0.1	65	阿特拉津	0.003
43	邻苯二甲酸二丁酯	0.003	66	苯并(a)芘	2.8×10^{-6}
44	邻苯二甲酸二(2-乙基已基)酯	0.008	67	甲基汞	1.0×10^{-6}
45	水合肼	0.01	68	多氯联苯⑥	2.0×10^{-5}
46	四乙基铅	0.0001	69	微囊藻毒素-LR	0.001
47	吡啶	0.2	70	黄磷	0.003
48	松节油	0.2	71	钼	0.07
49	苦味酸	0.5	72	钴	1.0
50	丁基黄原酸	0.005	73	铍	0.002
51	活性氯	0.01	74	硼	0.5
52	滴滴涕	0.001	75	锑	0.005
53	林丹	0.002	76	镍	0.02
54	环氧七氯	0.0002	77	钡	0.7
55	对硫磷	0.003	78	钒	0.05

序号	项目	标准值	序号	项目	标准值
79	钛	0.1	80	铊	0.000 1

注：①二甲苯：指对－二甲苯、间－二甲苯、邻－二甲苯。

②三氯苯：指 1，2，3－三氯苯、1，2，4－三氯苯、1，3，5－三氯苯。

③四氯苯：指 1，2，3，4－四氯苯、1，2，3，5－四氯苯、1，2，4，5－四氯苯。

④二硝基苯：指对－二硝基苯、间－二硝基苯、邻－二硝基苯。

⑤硝基氯苯：指对－硝基氯苯、间－硝基氯苯、邻－硝基氯苯。

⑥多氯联苯：指 PCB-1016、PCB-1221、PCB-1232、PCB-1242、PCB-1248、PCB-1254、PCB-1260。

附表14-4 地表水环境质量标准基本项目分析方法

序号	项目	分析方法	最低检出限（mg/L）	方法来源
1	水温	温度计法		GB 13195—91
2	pH 值	玻璃电极法		GB 6920—86
3	溶解氧	碘量法	0.2	GB 7489—87
		电化学探头法		GB 11913—89
4	高锰酸盐指数		0.5	GB 11892—89
5	化学需氧量	重铬酸盐法	10	GB 11914—89
6	五日生化需氧量	稀释与接种法	2	GB 7488—87
7	氨氮	纳氏试剂比色法	0.05	GB 7479—87
		水杨酸分光光度法	0.01	GB 7481—87
8	总磷	钼酸铵分光光度法	0.01	GB 11893—89
9	总氮	碱性过硫酸钾消解紫外分光光度法	0.05	GB 11894—89

序号	项目	分析方法	最低检出限（mg/L）	方法来源
10	铜	2, 9-二甲基-1, 10-菲啰啉分光光度法	0.06	GB 7473—87
		二乙基二硫代氨基甲酸钠分光光度法	0.010	GB 7474—87
		原子吸收分光光度法（螯合萃取法）	0.001	GB 7475—87
11	锌	原子吸收分光光度法	0.05	GB 7475—87
12	氟化物	氟试剂分光光度法	0.05	GB 7483—87
		离子选择电极法	0.05	GB 7484—87
		离子色谱法	0.02	HJ/T 84—2001
13	硒	2, 3-二氨基萘荧光法	0.000 25	GB 11902—89
		石墨炉原子吸收分光光度法	0.003	GB/T 15505—1995
14	砷	二乙基二硫代氨基甲酸银分光光度法	0.007	GB 7485—87
		冷原子荧光法	0.000 06	1）
15	汞	冷原子吸收分光光度法	0.000 05	GB 7468—87
		冷原子荧光法	0.000 05	1）
16	镉	原子吸收分光光度法（螯合萃取法）	0.001	GB 7475—87
17	铬（六价）	二苯碳酰二肼分光光度法	0.004	GB 7467—87
18	铅	原子吸收分光光度法（螯合萃取法）	0.01	GB 7475—87
19	氰化物	异烟酸-吡唑啉酮比色法	0.004	GB 7487—87
		吡啶-巴比妥酸比色法	0.002	

序号	项目	分析方法	最低检出限（mg/L）	方法来源
20	挥发酚	蒸馏后 4- 氨基安替比林分光光度法	0.002	GB 7490—87
21	石油类	红外分光光度法	0.01	GB/T 16488—1996
22	阴离子表面活性剂	亚甲蓝分光光度法	0.05	GB 7494—87
23	硫化物	亚甲基蓝分光光度法	0.005	GB/T 16489—1996
		直接显色分光光度法	0.004	GB/T 17133—1997
24	粪大肠菌群	多管发酵法、滤膜法		1）

注：暂采用下列分析方法，待国家方法标准发布后，执行国家标准。

1）《水和废水监测分析方法（第三版）》，中国环境科学出版社，1989 年。

附表14-5　集中式生活饮用水地表水源地补充项目分析方法

序号	项目	分析方法	最低检出限（mg/L）	方法来源
1	硫酸盐	重量法	10	GB 11899—89
		火焰原子吸收分光光度法	0.4	GB 13196—91
		铬酸钡光度法	8	1）
		离子色谱法	0.09	HJ/T 84—2001
2	氯化物	硝酸银滴定法	10	GB 11896—89
		硝酸汞滴定法	2.5	1）
		离子色谱法	0.02	HJ/T 84—2001

序号	项目	分析方法	最低检出限（mg/L）	方法来源
3	硝酸盐	酚二磺酸分光光度法	0.02	GB 7480—87
		紫外分光光度法	0.08	1）
		离子色谱法	0.08	HJ/T 84—2001
4	铁	火焰原子吸收分光光度法	0.03	GB 11911—89
		邻菲啰啉光光度法	0.03	1）
5	锰	高碘酸钾分光光度法	0.02	GB 11906—89
		火焰原子吸收分光光度法	0.01	GB 11911—89
		甲醛肟光度法	0.01	1）

注：暂采用下列分析方法，待国家方法标准发布后，执行国家标准。

1）《水和废水监测分析方法（第三版）》，中国环境科学出版社，1989年。

附表14-6　集中式生活饮用水地表水源地特定项目分析方法

序号	项目	分析方法	最低检出限（mg/L）	方法来源
1	三氯甲烷	顶空气相色谱法	0.0003	GB/T 17130—1997
		气相色谱法	0.0006	2）
2	四氯化碳	顶空气相色谱法	0.000 05	GB/T 17130—1997
		气相色谱法	0.000 3	2）
3	三溴甲烷	顶空气相色谱法	0.001	GB/T 17130—1997
		气相色谱法	0.006	2）
4	二氯甲烷	顶空气相色谱法	0.008 7	2）
5	1,2—二氯乙烷	顶空气相色谱法	0.012 5	2）
6	环氧氯丙烷	气相色谱法	0.02	2）

序号	项目	分析方法	最低检出限（mg/L）	方法来源
7	氯乙烯	气相色谱法	0.001	2）
8	1,1—二氯乙烯	吹出捕集气相色谱法	0.000 018	2）
9	1,2—二氯乙烯	吹出捕集气相色谱法	0.000 012	2）
10	三氯乙烯	顶空气相色谱法	0.000 5	GB/T 17130—1997
		气相色谱法	0.003	2）
11	四氯乙烯	顶空气相色谱法	0.000 2	GB/T 17130—1997
		气相色谱法	0.001 2	2）
12	氯丁二烯	顶空气相色谱法	0.002	2）
13	六氯丁二烯	气相色谱法	0.000 02	2）
14	苯乙烯	气相色谱法	0.01	2）
15	甲醛	乙酰丙酮分光光度法	0.05	GB 13197—91
		4-氨基-3-联氨-5-巯基-1,2,4-三氮杂茂（AHMT）分光光度法	0.05	2）
16	乙醛	气相色谱法	0.24	2）
17	丙烯醛	气相色谱法	0.019	2）
18	三氯乙醛	气相色谱法	0.001	2）
19	苯	液上气相色谱法	0.005	GB 11890—89
		顶空气相色谱法	0.000 42	2）
20	甲苯	液上气相色谱法	0.005	GB 11890—89
		二硫化碳萃取气相色谱法	0.05	
		气相色谱法	0.01	2）

序号	项目	分析方法	最低检出限（mg/L）	方法来源
21	乙苯	液上气相色谱法	0.005	GB 11890—89
		二硫化碳萃取气相色谱法	0.05	
		气相色谱法	0.01	2）
22	二甲苯	液上气相色谱法	0.005	GB 11890—89
		二硫化碳萃取气相色谱法	0.05	
		气相色谱法	0.01	2）
23	异丙苯	顶空气相色谱法	0.003 2	2）
24	氯苯	气相色谱法	0.01	HJ/T 74—2001
25	1,2—二氯苯	气相色谱法	0.002	GB/T 17131—1997
26	1,4—二氯苯	气相色谱法	0.005	GB/T 17131—1997
27	三氯苯	气相色谱法	0.000 04	2）
28	四氯苯	气相色谱法	0.000 02	2）
29	六氯苯	气相色谱法	0.000 02	2）
30	硝基苯	气相色谱法	0.000 2	GB 13194—91
31	二硝基苯	气相色谱法	0.2	2）
32	2,4—二硝基甲苯	气相色谱法	0.000 3	GB 13194—91
33	2,4,6—三硝基甲苯	气相色谱法	0.1	2）
34	硝基氯苯	气相色谱法	0.000 2	GB 13194—91
35	2,4—二硝基氯苯	气相色谱法	0.1	2）
36	2,4—二氯苯酚	电子捕获－毛细色谱法	0.000 4	2）

序号	项目	分析方法	最低检出限（mg/L）	方法来源
37	2,4,6—三氯苯酚	电子捕获－毛细色谱法	0.000 04	2）
38	五氯酚	气相色谱法	0.000 04	GB 8972—88
		电子捕获－毛细色谱法	0.000 024	2）
39	苯胺	气相色谱法	0.002	2）
40	联苯胺	气相色谱法	0.000 2	3）
41	丙烯酰胺	气相色谱法	0.000 15	2）
42	丙烯腈	气相色谱法	0.10	2）
43	邻苯二甲酸二丁酯	液相色谱法	0.000 1	HJ/T 72—2001
44	邻苯二甲酸二（2—乙基己基）酯	气相色谱法	0.000 4	2）
45	水合肼	对二甲氨基苯甲醛直接分光光度法	0.005	2）
46	四乙基铅	双硫腙比色法	0.000 1	2）
47	吡啶	气相色谱法	0.031	GB/T 14672—93
		巴比土酸分光光度法	0.05	2）
48	松节油	气相色谱法	0.02	2）
49	苦味酸	气相色谱法	0.001	2）
50	丁基黄原酸	铜试剂亚铜分光光度法	0.002	2）
51	活性氯	N,N—二乙基对苯二胺（DPD）分光光度法	0.01	2）
		3,3',5,5'—四甲基联苯胺比色法	0.005	2）

序号	项目	分析方法	最低检出限（mg/L）	方法来源
52	滴滴涕	气相色谱法	0.0002	GB 7492—87
53	林丹	气相色谱法	4×10^{-6}	GB 7492—87
54	环氧七氯	液液萃取气相色谱法	0.000 083	2）
55	对硫磷	气相色谱法	0.000 54	GB 13192—91
56	甲基对硫磷	气相色谱法	0.000 42	GB 13192—91
57	马拉硫磷	气相色谱法	0.000 64	GB 13192—91
58	乐果	气相色谱法	0.000 57	GB 13192—91
59	敌敌畏	气相色谱法	0.000 06	GB 13192—91
60	敌百虫	气相色谱法	0.000 051	GB 13192—91
61	内吸磷	气相色谱法	0.002 5	2）
62	百菌清	气相色谱法	0.000 4	2）
63	甲萘威	高效液相色谱法	0.01	2）
64	溴氰菊酯	气相色谱法	0.000 2	2）
		高效液相色谱法	0.002	2）
65	阿特拉津	气相色谱法		3）
66	苯并（a）芘	乙酰化滤纸层析荧光分光光度法	4×10^{-6}	GB 11895—89
		高效液相色谱法	1×10^{-6}	GB 13198—91
67	甲基汞	气相色谱法	1×10^{-8}	GB/T 17132—1997
68	多氯联苯	气相色谱法		3）
69	微囊藻毒素—LR	高效液相色谱法	0.000 01	2）
70	黄磷	钼—锑—抗分光光度法	0.002 5	2）
71	钼	无火焰原子吸收分光光度法	0.002 31	2）

序号	项目	分析方法	最低检出限（mg/L）	方法来源
72	钴	无火焰原子吸收分光光度法	0.001 91	2）
73	铍	铬菁 R 分光光度法	0.000 2	HJ/T 58—2000
		石墨炉原子吸收分光光度法	0.000 02	HJ/T 59—2000
		桑色素荧光分光光度法	0.000 2	2）
74	硼	姜黄素分光光度法	0.02	HJ/T 49—1999
		甲亚胺—H 分光光度法	0.2	2）
75	锑	氢化原子吸收分光光度法	0.000 25	2）
76	镍	无火焰原子吸收分光光度法	0.002 48	2）
77	钡	无火焰原子吸收分光光度法	0.006 18	2）
78	钒	钽试剂（BPHA）萃取分光光度法	0.018	GB/T 15503—1995
		无火焰原子吸收分光光度法	0.006 98	2）
79	钛	催化示波极谱法	0.000 4	2）
		水杨基荧光酮分光光度法	0.02	2）
80	铊	无火焰原子吸收分光光度法	4×10^{-6}	2）

注：暂采用下列分析方法，待国家方法标准发布后，执行国家标准。

1）《水和废水监测分析方法（第三版）》，中国环境科学出版社，1989 年。

2）《生活饮用水卫生规范》，中华人民共和国卫生部，2001 年。

3）《水和废水标准检验法（第 15 版）》，中国建筑工业出版社，1985 年。

附录 15　不同温度下水的动力黏度（附表 15-1）

附表15-1　不同温度下水的动力黏度表

温度（℃）	动力黏度 （×10⁻³ Pa·s）	温度（℃）	动力黏度 （×10⁻³ Pa·s）
5	1.518	23	0.933
6	1.472	24	0.911
7	1.428	25	0.890
8	1.386	26	0.871
9	1.346	27	0.851
10	1.307	28	0.833
11	1.271	29	0.815
12	1.235	30	0.798
13	1.202	31	0.781
14	1.169	32	0.765
15	1.139	33	0.749
16	1.109	34	0.734
17	1.081	35	0.719
18	1.053	36	0.705
19	1.027	37	0.692
20	1.002	38	0.678
21	0.978	39	0.665
22	0.955	40	0.653

参考文献

[1] 陈泽堂.水污染控制工程实验[M].北京：化学工业出版社，2003.

[2] 吕松，牛艳.水污染控制工程实验[M].广州：华南理工大学出版社，2012.

[3] 成官文，黄翔峰，朱宗强，等.水污染控制工程实验教学指导书[M].北京：化学工业出版社，2013.

[4] 王学刚，郭亚丹，李泽兵，等.水处理工程实验[M].北京：冶金工业出版社，2016.

[5] 尚秀丽，李薇.水处理实验技术[M].北京：中国石化出版社，2018.

[6] 高廷耀，顾国维，周琪.水污染控制工程（下册）（第四版）[M].北京：高等教育出版社，2015.

[7] 王云海，杨树成，梁继东，等.水污染控制工程实验[M].西安：西安交通大学出版社，2013.

[8] 赵霞.水污染控制实验[M].北京：中国石化出版社，2018.

[9] 孙丽欣，贾学斌，张振宇，等.水处理工程应用实验[M].哈尔滨：哈尔滨工业大学出版社，2009.

[10] 石顺存.水污染控制工程实验[M].北京：北京理工大学出版社，2020.

[11] 吴俊奇，李燕城，马龙友.水处理实验设计与技术（第四版）[M].北京：中国建筑工业出版社，2015.

[12] 张莉，余训民，祝启坤.环境工程实验指导教程——基础型、综合设计型、创新型[M].北京：化学工业出版社，2011.

[13] 朱四喜，王凤友，吴云杰，等.环境科学与工程类专业创新实验指导书[M].北京：冶金工业出版社，2018.

[14] 吴唯民，胡纪华，顾夏声.厌氧污泥的最大比产甲烷速率（$U_{max \cdot CH_4}$）的间歇试验测定法[J].中国给水排水，1985(4):30-35.

[15] 俞庭康，刘涛，沈洪．污泥比阻实验中几个问题的探讨 [J]．实验室研究与探索，2009，28(1):68-69,135.

[16] 谢敏，施周，李淑展．污泥脱水性能参数 ——比阻检测的若干问题研讨 [J]．环境科学与技术，2006，29(3):15-16,42.

[17] 姜春华，刘勇健．铁碳微电解法在废水处理中的研究进展及应用现状 [J]．工业安全与环保，2009，35(1)：26-27.

[18] 张庆，周文栋，杨炜雯．黑臭水体治理技术研究综述 [J]．中国环保产业，2020(7):35-38.

[19] 唐晶，庞维海，林常源，等．我国黑臭水体的成因分析与综合治理技术 [J]．应用化工，2020，49(2):483-487，492.

[20] 陈超，胡勇有，谢玲彩．铁碳微电解耦合苦草原位处理河道黑臭污水的研究 [J]．华南师范大学学报（自然科学版），2019，51(4):39-46.

[21] 董怡华，张新月，陈峰，等．生态浮岛的构建及其修复校园富营养化人工湖水试验 [J]．环境工程，2021，39(3):90-96.

[22] 陈月芳，张宇琪，冯惠敏，等．微生物耦合铁碳微电解强化水生植物浮床对农村生活污水的深度处理 [J]．环境工程学报，2020，14(11):3007-3020.

[23] 许青兰，孔令为，沈浙萍．浙江省档案局微污染景观水体生态修复工程实例 [J]．中国给水排水，2021，37(16):108-111.

[24] 蔡鲁祥，吴文磊，高一，等．生态浮岛复合技术净化黑臭河道废水的实验研究 [J]．环境污染与防治，2016，38(12):17-21.

[25] 李莹莹．静安区彭越浦河道生态浮岛＋曝气充氧组合工艺增强河道净化能力研究 [J]．城市道桥与防洪，2019(8):234-286.

[26] 国家环境保护总局，水和废水监测分析方法编委会．水和废水监测分析方法（第四版）（增补版）[M]．北京：中国环境科学出版社，2002.

[27] 北京市环境保护科学研究院，中国环境科学研究院．城镇污水处理厂污染物排放标准（GB 18918—2002）[S]．北京：中国环境科学出版社，2002.

[28] 国家环境保护总局．污水综合排放标准（GB 8978—1996）[S]．北京：中国环境科学出版社，1996.

[29] 中国环境科学研究院．地表水环境质量标准（GB 3838—2002）[S]．北京：中国环境科学出版社，2002.